Writing for Computer Science

コンピュータサイエンスの
英語文書の書き方

Justin Zobel 著

黒川利明／黒川容子 訳

朝倉書店

Writing for Computer Science
The Art of Effective Communication

by

Justin Zobel

Translation from the English language edition:
Writing for Computer Science by Justin Zobel
Copyright © Springer-Verlag Singapore Pte. Ltd. 1997
All Rights Reserved

前　書　き

> この文書は私には，（中略）演奏者が楽器の音合わせのときに出す雑音と変わらないように思える．
> 　　　　　　　　フランシス・ベーコン『学問の前進』

> どんなよい話も，言葉にすると台なしになってしまう．
> 　　　　　　　　　　　　　　　　　　　　　ことわざ

　科学論文は，新しいアイデアの説明とその正当性を証明するものです．論文は長期にわたって正しいものとみなされ，有名な論文誌に掲載されれば，何千人もの科学者に読まれます．

　不幸なことですが，うまく書けない科学者は少なくありません．ベーコンの言葉は400年も前に書かれたものですが[1]，今日の多くの科学論文についても当てはまります．実際には，おそらく，私たちは，科学者が必ずしもうまく書けるとは期待していません．科学に必要な技術と，作文に必要な技術とは異なります．

　しかし，科学者がうまく書けないことに甘んじてよいわけではありません．質の悪い論文の影響を蒙った科学者はだれもが困っています．曖昧さは誤解につながります．脱落に失望します．不明瞭なために，著者の意図を組み立て直すのに必死になります．論文の様式，その構造と構文を理解するための努力は，その内容を理解するのに使われる努力とは違います．どんなよい話も，言葉で台なしにできないことはありません．その議論が重要で妥当なものであっても，報告の文面が理解されないと，だれにも，何をも納得させられません．その結果が重大であるほど，また，価値が大きいほど，そのための議論や発表がよくなければなりません．

　出版は知識を広く利用できるようにするだけでなく，その知識の創造主としての著者の立場を確立します．著者となることは，地位や昇進のような目にみ

1：『学問の前進』は，1604年に刊行されています（平凡社『世界大百科』による）．

える報奨をもたらし，また，たとえば，ノーベル賞授与の基礎となる可能性すらあります．しかし，著者となることは責任をも意味します．公表された誤りは科学者の愚かさを明らかにするだけでなく，その経歴に傷をつけます．

書くことは，単にアイデアを公表する手段というだけではありません．もう1つの重要な側面は，整った文章としてアイデアを述べる試みが，著者の考えを公式化し，成文化することです．曖昧な概念を具体化します．書くという行為が新しい概念を導きます．また，同僚と議論する土台となります．すなわち，書くことは，研究過程の終結ではなく研究過程そのものの不可欠な一部です．研究の後に続くのは，論文の様式を組立て，推敲することだけです．

もう1つ別の見方をすれば，科学論文はアイデアを伝達し，おたがいに頭で考えをコピーし合う方法です．コミュニケーションは，媒体にできる限り歪みがないときに，もっとも効果的です．まずい作文は歪みを与えるのです．明確に端的に書くことで，また，文体上の規約を効果的に使うことで，この歪みをなくせます．

本書について

本書は，計算機科学や数学的内容を含む論文や報告書の書き方の文体や提示法についての入門書で，研究者や大学院生のために書かれたものです．よい文章を書くための助言が主となりますが，この中には，皆が認めた知識もあれば，議論の余地のあるもの，さらには私の個人的意見まであります．論文作成を中心にしましたが，同じ技法が修士論文や教科書執筆にも，さらには，一般的な技術的・専門的コミュニケーションにまで応用できます．本書は厚くはありませんが，必要な題材をすべて扱っています．一部の題材をもっと掘り下げたい読者もいるでしょうが，ほとんどの読者にはこれで十分でしょう．

文体はある程度は趣味の問題です．本書の内容は必ず守らなければならない法律ではありません．「正しい」文体が間違っているようにしかみえない状況は避けられません．しかし，一般的に，文体にはもっともな理由があります．本書の内容に賛成できないこともあるでしょうが，少なくとも，他人の意見に出会うことで，まずい習慣をただ続けるのではなく，自分自身の文体を選択する理由を明らかにすることができます．規則を破っても構いません．しかし，それだけの理由をもつのが原則です．

本書は作文について述べていますが，文章だけが対象ではありません．計算機科学（コンピュータサイエンス）分野の技術論文を作成するさまざまな側面について述べています．すなわち，論文作成の作業計画（第1章），文体（第2〜4章），数式（第5章），図やグラフの考案（第6章），アルゴリズムの表し方（第7章），仮説の展開，実験の実施（第8章），論文校正のチェックリストも含めた編集作業（第9章），引用（第10章），および口頭発表（第11章）を含みます．作文技術を磨くのに役立つように練習問題もつけました．文体のガイドや関連文献の簡単な紹介もあります．

　本書は流し読みできるように書きました．内容を丸暗記したり，味気ないただの規則として学ぶ必要はありません．価値があると思う助言を吸収し，関係のある個々の問題を調べればよいのです．

　多くの人が本書に手を貸してくれました．Alistair Moffat は第 1, 6, 7, 9, 10 章に，Philip Dart は第 10 章に力を貸してくれました．作文について多くを教えてくださった，この 2 人の共同研究者に感謝いたします．また，Isaac Balbin, Gill Dobbie, Evan Harris, Mary および Werner Peltz, Kotagiri Ramamohanarao, Ron Sacks-Davis, James Thom, Ross Wilkinson, Hugh Williams に感謝します．私の研究室の学生たち，研究方法の授業に参加した学生たちに感謝します．また徹底的な校正をしてくれた Michael Fuller に，私を支え，助けてくれた Springer-Verlag の Ian Shelly，よい文体についての題材を多く紹介してくれた Rodney Topor に御礼を申し上げます．なかでも妻 Penny Tolhurst には感謝しています．

1997 年 3 月

Justin Zobel

目　　次

第1章　論文の設計 ……………………………………………………… *1*
　出版の種類 ………………………………………………………………… *2*
　構　　成 …………………………………………………………………… *3*
　　　［表題と著者 (*3*)，摘要 (*3*)，導入 (*4*)，概説 (*4*)，結果 (*5*)，要約 (*6*)，文献表 (*7*)，付録 (*7*)］
　初　　稿 …………………………………………………………………… *7*
　　　［作文 (*8*)］
　ワープロの選択 …………………………………………………………… *9*

第2章　文体：一般的ガイドライン …………………………………… *11*
　倹　　約 …………………………………………………………………… *12*
　調　　子 …………………………………………………………………… *13*
　例 …………………………………………………………………………… *16*
　動　　機 …………………………………………………………………… *16*
　優 位 性 …………………………………………………………………… *17*
　ごまかし …………………………………………………………………… *18*
　類　　推 …………………………………………………………………… *18*
　隠 れ 蓑 …………………………………………………………………… *19*
　参考文献と引用 …………………………………………………………… *20*
　引用の様式 ………………………………………………………………… *22*
　引 用 文 …………………………………………………………………… *25*

| 謝　辞 ………………………………………………… 27
| 倫　理 ………………………………………………… 28
| 著者であること ……………………………………… 29
| 文　法 ………………………………………………… 29
| 美 し さ ……………………………………………… 30

第3章　文体：具体的なこと ……………………… 31
| 表題と見出し ………………………………………… 31
| 冒 頭 段 落 …………………………………………… 32
| 多　様　性 …………………………………………… 34
| 段 落 づ け …………………………………………… 34
| 文 の 構 造 …………………………………………… 35
| 繰り返しと対応 ……………………………………… 39
| 直接的な表現 ………………………………………… 40
| 曖　昧　さ …………………………………………… 41
| 強　　調 ……………………………………………… 42
| 定　　義 ……………………………………………… 43
| 言葉の選択 …………………………………………… 44
| 修　飾　語 …………………………………………… 46
| 埋 め 草 ……………………………………………… 46
| 言葉の間違った使い方 ……………………………… 47
| 綴りについての約束ごと …………………………… 50
| 専 門 用 語 …………………………………………… 51
| 英語以外の言葉 ……………………………………… 52
| 言葉の使いすぎ ……………………………………… 53
| 言葉の冗長さと過剰 ………………………………… 53
| 時　　制 ……………………………………………… 55
| 複　数　形 …………………………………………… 55
| 省　略　形 …………………………………………… 56
| 頭字語（頭文字の略語） …………………………… 57
| 性差別用語 …………………………………………… 57

第4章 句読点 … 59
フォントとフォーマット … 59
終止符 … 60
コンマ … 61
コロンとセミコロン … 62
アポストロフィ … 62
感嘆符 … 63
ハイフン … 63
大文字 … 64
引用 … 65
括弧 … 66
参照 … 66

第5章 数学 … 68
明確性 … 68
定理 … 69
読みやすさ … 70
表記法 … 72
範囲と列 … 73
字母 … 74
改行 … 75
数 … 75
百分率 … 77
測定単位 … 78

第6章 グラフ, 図, 表 … 80
図表 … 80
グラフ … 81
図式 … 83
表 … 84
座標軸, ラベル, 見出し … 85
図表説明とラベル … 86

図 表 の 例 ……………………………………………………… *86*

第7章　アルゴリズム ……………………………………………… *95*
　　アルゴリズムの提示 ……………………………………………… *95*
　　形　　　式 ………………………………………………………… *96*
　　表　記　法 ………………………………………………………… *98*
　　詳細さのレベル …………………………………………………… *99*
　　図 …………………………………………………………………… *99*
　　アルゴリズムの環境 ……………………………………………… *100*
　　アルゴリズムの性能 ……………………………………………… *101*
　　漸近計算量 ………………………………………………………… *103*
　　偽コードの例 ……………………………………………………… *106*
　　文コードの例 ……………………………………………………… *107*
　　文芸的コードの例 ………………………………………………… *108*

第8章　仮説と実験 ………………………………………………… *109*
　　仮説を述べる ……………………………………………………… *109*
　　仮説を発展させる ………………………………………………… *111*
　　仮説を防衛する …………………………………………………… *112*
　　証　　　拠 ………………………………………………………… *114*
　　公正な実験の設計 ………………………………………………… *115*
　　しっかりした実験を設計する …………………………………… *116*
　　実験を記述する …………………………………………………… *119*

第9章　編　　　集 ………………………………………………… *121*
　　一　貫　性 ………………………………………………………… *121*
　　文　　　体 ………………………………………………………… *122*
　　校　　　正 ………………………………………………………… *122*
　　一貫性があるかないかの検査項目 ……………………………… *125*

第10章　査　　　読 ………………………………………………… *127*
　　責　　　任 ………………………………………………………… *128*

貢　献　度 ·· 128
　　論文の評価 ·· 130
　　査読報告 ·· 133
　　倫理観 ·· 137

第11章　短い講演 ·· 139

　　内　　　容 ·· 140
　　構　　　成 ·· 141
　　導　入　部 ·· 142
　　結　　　論 ·· 143
　　準　　　備 ·· 144
　　スライド ·· 145
　　文章のスライド ·· 145
　　図 ·· 146
　　スピーチ ·· 147
　　聴　　　衆 ·· 148
　　質疑応答の時間 ·· 149
　　スライドの例 ·· 150

第12章　演　　　習 ·· 160

よりぬきの関連文献 ··· 165
　　一般的な作文の本 ·· 165
　　技術作文の本 ·· 167
　　科学過程について ·· 170
　　インターネット上の資料 ·· 171
　　訳者追加の文献 ·· 171

訳者あとがき ·· 173

索　　　引 ·· 175

第1章

論文の設計

> 何だろうと人間のすることを完全なものと考えたりすれば，それだけでもう必然的に誤りを犯すことになる[2]
> メルヴィル『白鯨』（幾野　宏訳）

> 私は書く前に，自分の文章について考えていた．だが……私はできる限りすばやく，下手な字で全部をなぐり書きする方が時間の節約だと気づいた……
> 　こうやってなぐり書きした文章の方が，よく考えてから書くものよりよいことが多い．　　ダーウィン『自伝』

　科学は，信頼できる知識を蓄積するためのシステムです．おおざっぱにいうと，科学の過程は，観察に始まり，仮説に発展し，証明もしくは実験で試され，結果が論文の形にまとめられ，査読の後，出版されます．既知の信頼できる概念のうえに，新しい結果がおかれます．新しい研究には，間違いがあったり，誤まった方向に行くものもあるかもしれませんが，査読過程で質の悪い論文は削除されます．ものごとに疑問をもち，その正当性の確かな証明を要求する科学文化は，公表された虚偽を（ゆっくりとではあっても）取り除いていきます．

　よい作文は知識の蓄積過程での重要な部分です．アイデアが生き残るには，ほかの科学者が，言葉のうえだけでなく，科学出版という既に定まった枠組みのなかで，その妥当性と正当性を納得できなければなりません．新しい考えを理解し，信頼し，記憶し，使ってもらえるために，まず明確に説明しなければなりません．著者は次のようなことをします．

　・科学知識体系のなかに新しいアイデアの位置づけを述べる．

2：原書の扉は，Any human thing supposed to be complete, must for that reason infallibly be faulty. インターネットで入手できるこの部分の原典 (http://wiretap.spies.com/ftp.items/Library/Classic/mobydick.txt) の文章は次のとおり．I promise nothing complete; because any human thing supposed to be complete, must for that very reason infallibly be faulty. 引用した訳文は，この原典に従っているようです．

- 理論や仮説でアイデアをきちんと述べる．
- アイデアのどこが新しいのか，すなわち論文がどのような貢献をしたか説明する．
- 証明や実験で理論を正当化する．

一般的な論文は，中心となる仮説を支持し，説明するのに必要な議論，根拠，実験，証明，および資料で構成されます．それに対して，論文の元になった研究では，行き詰まり，妥当でない仮説，間違った概念，実験上の誤りを避けられません．このような要素は論文には存在しません．論文は，科学知識の客観的積み重ねであり，著者がたどった道のりの解説ではないのです．

出版の種類

科学成果は，単行本，学位論文，専門誌の論文，会議または研究会の会議録での論文や摘要，技術報告書，あるいは手稿（manuscript）として出版されます．出版物は，種類により独自の特徴をもちます．本は，通常，新しい結果を含まず，情報そのものほどには，その正確さの根拠について詳しく述べません．本の目的は，集めた情報をわかりやすく，読みやすい形で述べることです．そのため，論文より一般に上手に書いています．

学位論文は，通常1つの問題を深く究明したもので，長大な論文，もしくは，同じ主題についての一連の論文になります．専門誌や会議録には，本格的な論文から，長めの摘要（論文要約と呼ぶ方がよいかもしれません）に至るまで，さまざまな種類の寄稿があります．専門誌論文が，普通は研究過程の最終産物であり，査読者の助言や批判によって時には数回書き直された，新しいアイデアの注意深い表現です．単行本は，ほかの科学者の判断に頼る必要などなく，著者の意見を純粋に表明するものですが，論文では，内容を他者の批判から守り，正当化しなければなりません．会議録に載る論文も，最終産物でありえますが，会議録では研究の中間報告のこともありえます．会議論文も普通，査読がありますが，修正や改訂の機会は限られており，論文の長さにも厳しい制限があります．

論文を，審査の場に提出する前に，手稿や技術報告の形式で利用できるようにすることもあります．この種の出版物は，研究成果をすぐ利用できるようにするという利点があります．ワールドワイドウェブに流せば，ほとんど一瞬の

うちにだれもが読めるようになります．しかし，査読がないので，読み手は研究結果の妥当性がわかりません．

構　成

科学論文は，普通，読み手が結果をすぐ発見して，興味があれば根拠を調べるという，標準的な構造に従います．論文をすべて読む時間がないために，ほとんどの読者は，さっと読むだけで結論を受け入れるか拒絶します．しっかり構成した論文は，できるだけ冒頭に重要な文章を述べるようにしています．

典型的な論文は，次のような8つの要素からなります．

表題と著者

論文は表題と氏名，所属，住所などの著者についての情報から始めます．計算機科学分野では，地位，肩書，資格を普通は載せません．名前をA. B. Cee あるいは，Ae Cee または Ae B. Cee そのほかどう表記するかは個人の判断に任されます．ただし，論文に載せる名前の様式はすべて統一し，著者索引で1つになるように注意します．電子メールのアドレスも載せます．

日づけも入れて下さい．ワープロを使っているなら，その「日づけ」機能を使わず，その日の日づけをタイプ入力してください．さもないと，文書が実際にいつ仕上がったかわからなくなりますから．

摘要 (abstract)

摘要は，一般的には50～200語くらいの段落です．論文の摘要は，読み手が論文を読むべきかどうか判断するためにあります．だから，論文の目的，範囲，結論をまとめた簡潔な要約になります．不必要な文章のためのスペースはありません．摘要は，情報を与えつつ，できる限り少ない言葉にとどめねばなりません．細かいことや論文の構造の説明などは，頭文字，略語，数式同様に不適切です．"we review relevant literature" のような文は省きます．

摘要は具体的なほど読者の興味を引きます．"space requirements can be significantly reduced" の代わりに "space requirements can be reduced by 60%" と書いてください．"we have a new inversion algorithm" ではなく "we have a new inversion algorithm, based on move-to-front lists" と書い

てください．

　ほとんどの科学者は自分の専門外の研究論文は流し読みしかしません．著者は，読み手が自分の論文の主題の専門家だと仮定してはなりません．摘要はそれだけで十分わかるように，しかもできる限り広範囲の読み手を対象とします．ごくまれにのみ，摘要でほかの論文を参照します（たとえば，ある論文が，ほかの論文の結果の分析である場合）．その場合には，文献項目を参照せよと書くのではなく，参照論文自体を示します．

導入（introduction）

　導入は摘要の拡張とも考えられます．論文の主題，研究した問題点，解決へのアプローチ，解の範囲と制限，結論，そして読者がもっと読み進めるべきかどうかを決められるような詳細，あるいは論文の構造を述べます．導入部は，論文の動機も説明すべきです．その問題はなぜ興味深いのか，どこが科学における問題なのか，その解決でなぜよいのかなどを書きます．すなわち，論文のどこに読む価値があるのか説明すべきです．

　導入は，結論の重要性や派生結果を論じますが，それを支持する根拠は省きます．興味をもった読者は，本文中にその根拠を見出します．関連文献は導入で述べますが，複雑な数式は省きます．

　論文は，最後のお楽しみまで結果を秘密にしておく小説とは違います．導入部は，何が新しいのか，結果は何なのかを明確に述べなくてはなりません．それでもなお，少しははらはらすることがあるでしょう．結果が何かを明らかにすることは，必ずしも，結果が得られた過程を述べることではありません．結果の存在が後になるまで隠されると，読者は，主な結果がないものと考え，論文自体を価値のないものとして捨ててしまうことがあります．

概説（survey）

　結果や実験がまったく新しいことは，ほとんどありません．過去の研究の延長か訂正になることがほとんどです．つまり，ほとんどの結果は，現存の知識への追加です．概説は，新しい結果を文献中の似たような結果と比較し，現存の知識を示し，新しい結果により，知識がどう拡張されたかを述べます．また，専門分野外の読者が論文を理解できるよう，教科書や概説論文のような標準的な参考文献を示します．

概説は論文の初めの方にきて，研究の文脈を示します．この場合には，導入の一部になることもあります．あるいは，本文の後か，本文の一部になって，古い結果と新しい結果との詳しい比較をすることもあります．概説を論文の後半にするなら，元の論文とは違った用語や表記を用いてもよいから，この論文の用語として一貫させて結果を述べるほうが容易でしょう．

　多くの論文では，概説の内容を1つひとつの節としてまとめず，使う場面ごとに論じます．導入部では背景資料について，新しい結果を紹介するときには，ほかの研究者の仕事を分析するなどです．この方式の方が読者にはわかりやすいことが多いようです．

結果（result）

　論文本体では結果を述べねばなりません．必要な背景資料と専門用語を提供し，結論に至る一連の推論を説明し，中心となる証明を詳しく述べ，実験データを要約し，導入部で輪郭を述べた結論を詳しく述べます．また，導入部で非公式に述べていたとしても，仮説や主要概念の定義を注意深く行います．構成は節見出しで明確にします．本文は長くなりがちなので，話の流れと明確な論理的構成が重要になります．

　本文は，ほかの論文からは当然ながら独立すべきです．論文を理解するのに，昔の論文や，指導者が書いたあまり知られていない論文などをみなければならないとすれば，読み手は限られてしまいます．

　実験はたいてい，普通の長さの論文では述べきれない多量のデータを生み出します．重要な結果をグラフや表に要約し，ほかの結果は1行か2行で述べます．その実験が論文の主要な結論に影響を与えない（そして実際に行った）限り，詳細抜きに，結果を述べることができます．同様に，補題（レンマ）や主要でない定理を詳しく証明する必要はありません．これはもちろん，実験や証明を省略していいといっているのではなく，このような情報は論文に載せないで研究記録に書いておくということです．

　証明や実験結果についての論議は，それを示した節の中で行うべきです．結果や定理の分析を別の節で行っている論文は，読みやすくありません．実験や理論は，結果が次の要因に影響を与える論理的順序に従う場合が多いので，結果を述べながら分析する方がよいでしょう．結果を述べるとき，いつもそうすべきとはいいませんが，考察してきたことを手短に概観してから，それを敷衍

するように議論を展開します．ほかの観察結果をだらだら述べるのは避けます．

結果を記述する構成には，いくつかの常道があります．もっとも一般的な方法は結果と資料を論理的につなげる連鎖方式です．まず問題点を述べ，次に新しい解決法を示し，最後にその解決法が前のものより改良されていることを明らかにします．

結果によっては，ほかの構成法が向いているでしょう．結果がいくつかの部分に分けられる場合には，詳細の度合いに応じて記述する方式が有効です．一般的用語でまず概観を述べ，それから，順を追って詳細に述べていきます．技術論文は全体としてはこの構成をとるものですが，節のなかでも使ってよいわけです．

ほかの構成法としては，典型的な問題を例にして，アイデアや結果を初めに説明する方式もあります．その後で，アイデアをより正式に説明します．この枠組みでは，例を使うことで，アイデアが具体的かつ親しみやすくなります．

本文を複雑さの度合によって構成することもできます．たとえば，単純な場合をまず示し，その延長として複雑な場合を説明します．複雑なもののなかで基本的概念を説明するという難問を避けられます．この方式は教科書的です．読者は1歩1歩進んで最終結果に到達します．たとえば，オブジェクト指向プログラミング言語についての数学的結果を，初めは，オブジェクトがすべて同じクラスにある場合に適応する方式です．次に，継承を含めたプログラムを対象にするというように拡張します．

（複雑さに応じた構成は論文記述としてはよいのですが，研究をこのような方式で行うべきではありません．やさしい問題を解いた論文を目にするのはめずらしくありません．たとえば，反復のないプログラムを最適化し，"we expect these results to throw light on optimization of programs with loops and recursion" という希望的文章を書く著者がいます．その続篇の論文はまず見かけません）

要約 (summary)

最後の要約や結論 (conclusion) は，論文で取り上げた主題を集め，重要な結果を手短に述べるのに使います．要約では，論文の文脈を超えて，述べなかったほかの問題，答えなかった質問，あるいは探求しなかったほかの可能性に

ついて触れることもできます．さらに，結果から考えられる可能性について予測を述べることもあります．

文献表（bibliography）

論文の文献表，もっと適切にいうと，参考文献（reference）の表は，本文で引用する，論文，本，報告書の一覧です．ほかのことがらは含みません．

付録（appendix）

論文によっては，証明の細かい点や実験結果の詳細を述べたり，コンピュータプログラムを付録に載せます．付録の目的は，論文の流れを妨げる膨大な資料や，多くの読者に必要ない資料を載せることです．付録は必須ではありません．

初　　稿

　初稿に関しては，文体，配置，句読点などにすら注意を払わず，自由に書くことによって，論理構造中のアイデアを円滑に流れさせることに専念するのが有益だと多くの人が認めています．1文ごとに表現で悩んでいたのでは，明確な文章はできても，1つづきの全体の文章ができません．初稿に神経質になりすぎる人は，何も書けなくなってしまうことが多いものです．どうしても行き詰まることが多いようなら，どんなにばかげていてもよいから何か書いてください．後で，ばかげた部分を削るようにします．

　杜撰な初稿を書いたのでは，注意深く編集や手直しをしなければなりません．初稿には誇張や間違いが多いものです．ほとんどの人は，最初からうまくは書けません．最良の文章は何度も手直しした結果でしかありません．

　しかしながら，数学的な内容や定義，問題の提示は，作文過程のできる限り早い時期に明確にします．仮説や結果は，取り組む問題を明確に述べることから始まります．問題を述べることによって，研究の範囲や本質を深いところまで考えざるをえなくなります．問題を正確に述べられないというのは，おそらく，みなさんの理解力が欠けているか，アイデアが十分開発されていないということです．

　書く作業は，研究が終了する前に始めてください．書く作業は，研究には刺

激となり，新鮮なアイデアを提案し，曖昧な概念を明確化し，間違った解釈を修正します．結果の述べ方を考えることによって，証明や実験の方式が浮かんでくることもよくあります．研究の欠落部分は予備的にでも記述してみるまでは，はっきりしないものです．研究は作文への刺激でもあります．研究が終了したら，細かい点はすぐ忘れられてしまいます．

作文（composition）

技術論文を整える過程を述べた教科書は，たくさんあります．たとえば Maeve O'Connor の *Writing Successfully in Science* [19], Bruce M. Cooper の *Writing Technical Reports* [10] などです[3]．

私が作文に使う手法は，ブレインストーミングを行い，達成したと思うことや結果が何かをまず書きとめることです．それから，骨組みを準備し，強調すべき結果を選び出し，よく考えると無関係な題材を捨て，読者が自然に結論へと導かれるように節の論理的順序を考えます．本文を書く前に節の表題を選ぶのが有用です．取り上げようという題材が，どの節にも入らないようなら，論文の構成に誤りがあるからです．導入部は初めに仕上げ，論文の意図する構成の概観，すなわち順序の輪郭や節の内容を入れます．構成が完成したら，各節を20〜200字でざっと書きます[4]．このアプローチは，書く作業を，楽にします．対象が取り扱いやすいサイズに分割されます．

本文と結論の要約を完了した後で，導入部を大幅に修正する必要が生じます．書き進めるにつれて，議論が成熟し，進化していくからです．

どこから始めていいかわからない駆け出しの書き手にとって，選ぶべき出発点はまねることです．結論がみなさんのとよく似た論文を選んで，その構成を分析し，同じようなパターンを使って，自分用の構成をおおまかに書いてみましょう．論文に似たパターンを使う習慣は，標準化ということで，読みやすくします．

3：日本語で読める教科書としては，以下のようなものがあります．
David Beer/David McMurrey（黒川利明・黒川容子共訳）『英語技術文書の作法』朝倉書店，1998年刊．
木下是雄『理科系の作文技術』中公新書624，1981年．
Heather Silyn-Roberts（黒川利明・黒川容子共訳）『理科系英文作成の基本』朝倉書店，1999年．
4：この部分は，人によって議論のあるところでしょう．導入部は本文を書き終えてから書くべきだという意見も少なくありません．

論文の設計ができたら，明確に型に沿って書きます．これは第2～7章の話題です．実験はすべて適切な基準に従い，記述しなければなりません．これは第8章の話題です．最後に編集しなければなりません．これは第9章で述べます．

ワープロの選択

　論文を書き始めるときには，ワープロを選ばなくてはなりません．何が使えるかが問題ですが，技術論文を書くための要件に，そのワープロがどれだけ対処できるかを検討する必要があります．たいていの論文は，文章だけでなく，図，表，数式，いろいろなフォント，いろいろなサイズの文字を用い，図，表，等式，節，参考文献への相互参照を含みます．

　技術論文の全生涯を考えれば，ほかにも問題があります．たとえばこうです．論文は当初，同僚の間で回覧されます．それから，会議で発表するために書き直されて提出されます．さらに修正や実験の後，受理されます．通常は長すぎるために，いくつかの文章を省きます．それに続いて再考の後，新しい原稿と省略された文章の再導入を経て，それ以前の研究報告と組み合わせた論文を，専門誌に提出します．査読者の注文を満足できるように修正した後で，論文が受理されます．これは，おそらく初稿が書かれた3年後です．ワープロはこのような修正と再構成という作業を処理できなければなりません．

　おおざっぱにいって，2種類のワープロがあります．視覚的すなわちWYSIWYG型のものと，troffやLaTeXに代表される，指示語を含んだテキスト（マークアップテキスト）をポストスクリプトのようなページ表現言語に翻訳するコンパイラ型のものとです．視覚的なワープロは，手紙や初稿のようなすぐ使う文書の作成にすぐれていますが，科学論文作成には，コンパイラ型のワープロの方がよいでしょう．

　これには多くの理由があります．コンパイラ型のワープロは視覚的なワープロよりも，ソフトウェア修正の影響を受けないのです．視覚的なワープロは製造元が独自の文書形式を用いるために，ワープロの新版の度に，文書形式が異なります．著者は，元の原稿を新しいバージョン用に修正しなければなりません．論文を共著する場合には，同じ版のソフトウェアを使わねばなりません．それに対して，コンパイラ型のワープロは歴史的に安定しています．普通のテ

キストファイルを使うので，共著者は電子メールなどを普通に使えます．また，コンパイラ型のワープロには，文章の一部を注釈にして印字しないでおく機能があります．これにより，文章を省いたり，再導入するのが簡単になります．また，同一の文書ファイルから，いろいろな文書（会議用や，もっと完璧な技術報告書用など）を作成できるマクロ機能を備えます．

　おそらくもっとも重要なことは，視覚的なワープロで作成した文書が，とくに数式を含む場合に，素人っぽくみえることです．多くの専門誌が，出力結果が専門的であるという理由から，最終稿に LaTeX を使っています．本書も LaTeX を使いました．現時点で科学論文を書くのにいちばんよいワープロソフトです[5]．

---

[5]：このあたりの判断は，分野によって変わります．技術分野でもビジネスに近いところでは，ここでいう視覚的なワープロ（ビジネスワープロという呼び方もあります）を使うかもしれません．より専門的な版組みを求めるところでは，LATEX のような簡易版ではなく，TeX そのものを使うかもしれません．また，SGML という国際標準が定められた形式もあります．

第2章

文体：一般的ガイドライン

> 力をこめて書かれたものはすべてその生命力を表現している．くだらないテーマなどはない．くだらない心があるだけだ．　　　　チャンドラー『単純な殺人芸術』

> できる限り，短い昔ながらのサクソンの言葉を使うことが黄金律だ．"So purely dependent is the incipient plant on the specific morphological tendency" のような文は，私の耳にはよき母国語とは聞こえない．翻訳の必要がある．　　　　ダーウィン「John Scott への手紙」

考えを英語で表現するには多くの方法があります．饒舌か簡潔か，美辞麗句か平凡か，詩的か平板かなどさまざまです．表現の様式が文体です．文体は文法の正しい用法についてではなく，文章が読み手といかにうまくコミュニケートできるかについてのことです．

文章の取り決めや文体に価値があるのは，ある種の表現形式が理解しにくかったり，ひたすら退屈だからであり，また，よく使われる文体に統一することで読み手が骨を折らなくてすむからです．既に定まった約束事を使わないと，この感嘆符（！）の衝撃が走ります．注意が途絶え，メッセージから気が逸らされます．もちろん，そのメッセージが約束事は無視しろというようなものでなければということですが．

科学作文は，その性質上，散文的です．正確で明確でなければならないので，詩的なものは不適切です．しかしながら，これは科学論文がおもしろくないといっているのではありません．文体を生かすことができます．さらに，英語をうまく使う理由は明確に伝えたいからだけではありません．生き生きした文章は，面白いアイデアを論じようという生き生きとした気持ちを示します．まずい英語は，散漫なだけでなく，考えそのものが混乱しているのだと感じさせますし，書かれた内容に偏見をもたせます．

本章，第3，4章で，文体を検討します．科学論文に特有の問題および，多くの科学者が無視する一般的な問題を含めます．ほとんどは科学論文の基本的

目標に関するものです．曖昧でないこと，明確さ，簡略さ，おもしろいこと，直接的なことです．おそらく，英語の文体と明確さについての最良の書は William Strunk と E.B. White による *The Elements of Style* [7] でしょう．Earnest Gowers の *The Complete Plain Words* [3], H.W. Fowler の *Modern English Usage* [2], Eric Partridge の *Usage and Abusage* [6] もすぐれた本です[6]．

倹　　約

文章は，きりっとしていなければなりません．論文の長さは，その内容を反映すべきです．小さいスペースで多くを語ることはすばらしいことです．どの文も欠かせないものであるべきです．長ったらしい文章で引き延ばしても，論文の重要さが増えるわけではありません．かえって，読みにくくなります．次の例では，斜体の部分を切り捨てても，意味は変わりません．

> *The volume of information has been rapidly increasing in the past few decades. While computer technology has played a significant role in encouraging the information growth, the latter has also had a great impact on the evolution of computer technology in processing data throughout the years. Historically, many different kinds of databases have been developed to handle information, including the early hierarchical and network models, the relational model, as well as the latest object-oriented and deductive databases. However, no matter how much these databases have improved, they still have their deficiencies.* Much information is *in* textual *format.* This unstructured *style of data, in contrast to the old structured record format data,* cannot be managed properly by *the traditional database models.* Furthermore, *since so much information is available,* storage and indexing are not the only problems. We need to ensure that relevant information can be obtained upon querying *the database.*

駄文，つまり，上の斜体の部分は，本文の意味にたどり着く前に読み手が切り捨てねばならない無用なものです．

無駄のない文章は注意深く，何度も修正した結果として得られます．不必要な言葉を削り，文章構造を簡略にし，論理的流れを確立すること，不要な修飾なしに情報を伝えることを目指してください．批判的精神で修正し，絶対に自

6：脚注3（8ページ）に同じ．

分は賢いとうぬぼれないでください．自分を捨ててください．以前書いたものはどれも嫌いになってください．何度も，おそらくはもっと多く修正するものと思ってください．

だれかがあなたの書いたものにケチをつけたら，喜ばせるべきは，自分自身ではなく読者だということを思い起こしてください．繰り返しますが，自分を脇におくのが有効です．たとえば，査読者からのコメントに応えて，論文を手直しするときにも，査読者がまったく間違ったことをいっていると気づくかもしれませんが，「査読者が間違っている」とつぶやくより，「査読者を迷わせたのは何だったのか」と自問する方が有益です．論文に対する誤った反応にさえ，耳をかたむけるべきです．

文章の要約は行き過ぎることもあります．理解を増進する言葉を省いてはいけません．

- × Bit-stream interpretation requires external description of stored structures. Stored descriptions are encoded, not external.
- ○ Interpretation of bit-streams requires external information such as descriptions of stored structures. Such descriptions are themselves data, and if stored with the bit-stream become part of it so that further external information is required.

調子 (tone)

科学論文は客観的で正確でなければなりません．文学の場合に強さを与える，ニュアンス，曖昧さ，隠喩，感受性などの要素は，技術的な文章には不適切です．一般向けの科学読み物に比べてすら，第1目標は，伝えることであって，楽しませることではありません．それにもかかわらず，おおげさで理解しにくい言語の使用が，科学論文でもっともよくある失敗です．直接的で，簡潔で，的を射た文体こそが適切です．厳格さを求め，豪華さを避けねばなりません．

簡潔な論文は次のような簡潔な規則に基づきます．
- ・文ごと段落ごとに1つの考えを示し，節ごとに1つの話題を示す．
- ・簡潔で，論理的な構成をとる．
- ・短い言葉を使う．
- ・簡潔な構造の短い文章を使う．

- 段落は短くする．
- 専門用語や陳腐な決まり文句を避ける．
- 長すぎる文章，極端な文体は避ける．
- 不要な話題は省く．
- 具体的に述べて，曖昧で抽象的なものは避ける．
- そうする理由があって初めて，これらの規則を破る．

時には，長い言葉や複雑な文章が最良の選択です．必要なときには使ってください．必要でなければやめてください．

科学論文でのもう1つのよくある失敗は，どの主張にも，ただし書きや警告をつけるということです．これは，根拠のない主張をしたくないという科学者として当然の要求の結果ですが，これはやりすぎです．

× The results show that, for the given data, less memory is likely to be required by the new structure, depending on the magnitude of the numbers to be stored and the access pattern.

◯ The results show that less memory was required by the new structure. Whether this result holds for other data sets will depend on the magnitude of the numbers and the access pattern, but we expect that the new structure will usually require less memory than the old.

最初の文章は曖昧です．書き手は，新しい構造がよいだろうと意見を思いきって述べたつもりですが，結果的には，その意見が埋もれてしまいました．

"we" や "I" を使った直接的な文や表現を使ってください．つまり，能動態にして，より気持ちよく読め，新しい結果を古い結果と区別するようにします．（態については，第3章「直接的な表現」で論じます．）技術論文では，俗語にならない限り，口語調や会話調を使ってかまいません．しかし，"this sentence is really going too far." などは好ましくありません．"crop up"，"lose track"，"it turned out that"，"play up"，"right out" などは決して使わないでください．

技術作文は，芸術的な衝動のはけ口にはなりません．次の例は商用ソフトウェアの要件文書からです．

× The system should be developed with the end users clearly in view. It must therefore run the gamut from simplicity to sophistication, robustness to flexibility, all in the context of the individual user. From the first tentative familiarization steps, the consultation process has been used to refine the requirements by continued scrutiny and rigorous analysis until, by some alchemical process, those needs have been transmuted into specifications. These specifications distill the quintessence of the existing system.

これは，売り込みの口上だからといういいわけができます．次の例は並行デー タベースシステムについての科学論文からです．

- × We have already seen, in our consideration of what is, that the usual simplified assumptions lead inexorably to a representation that is desirable, because a solution is always desirable; but repugnant, because it is false. And we have presented what should be, assumptions whose nature is not susceptible to easy analysis but are the only tenable alternative to ignorance (absence of solution) or a false model (an incorrect solution). Our choice is then Hobson's choice, to make do with what material we have —— viable assumptions —— and to discover whether the intractable can be teased into a useful form.

この論文の判読は困難でした．次に示すのは，おおざっぱな翻訳ですが，著者 の意図を示しているかどうかは保証できません．

- ○ We have seen that the usual assumptions lead to a tractable model, but this model is only a poor representation of real behaviour. We therefore proposed better assumptions, which however are difficult to analyze. Now we consider whether there is any way in which our assumptions can be usefully applied.

駆け出しの書き手は一般的な科学読み物の文体に近づこうとしたがります．

- × As each value is passed to the server, the "heart" of the system, it is checked to see whether it is in the appropriate range.
- ○ Each value passed to the central server is checked to see whether it is in the appropriate range.

アイデアをまるで売りだし中だというばかりに飾り立ててはいけません．次の 例では，著者の名前を "Grimwade" に変えておきました．

- × Sometimes the local network stalls completely for a few seconds. This is what we call the "Grimwade effect", discovered serendipitously during an experiment to measure the impact of server configuration on network traffic.
- ○ Sometimes the local network stalls for a few seconds. We first noticed this effect during an experimental measurement of the impact of server configuration on network traffic.

例 (examples)

明確化したいときには，例を使いましょう．とくに，概念の説明が，論文の理解にとって基本的な場合には，小さな例が，コミュニケーションを増進するか混乱をもたらすかの違いをつくります．どの例も1つの概念を説明しなければなりません．例が何を説明しているかわからないなら，例を変えてください．

例は抽象概念を具体化します．

○ In a semi-static model, each symbol has an associated probability representing its likelihood of occurrence. For example, if the symbols are characters in text then a common character such as "e" might have an associated probability of 12%.

動機

論文の構成に悩む人は多いのですが，読み手にはそれを明らかにしません．論文の各部分を論理的に並べるだけでなく，論理自体も明確に伝えるべきです．

導入部は，結果とその基礎の輪郭を述べ，各構成部分を並べ上げて，論文の構成を示唆するのが普通ですが，これだけでは不十分です．各節の初めと終わりに，手短な要約をつけ，節と節をつなげる文章を書くと役に立ちます．たとえば，次のように締めくくります．

○ Together these results show that the hypothesis holds for linear coefficients. The difficulties presented by non-linear coefficients are considered in the next section.

各節が明確なストーリーをもつように，小説のように文章をつなげていきます．段落と次の段落との連結ははっきりさせてください．

よくみかける間違いは，定義や理論を，なぜ役に立つかを明確にせずに述べることです．説明不足です．それは，必要性を明らかにする前に，話題を述べるというような間違った順序に現れます．一連の定義，理論，アルゴリズムが自明だとは思わないでください．説明のなかで1歩1歩読み手を動機づけてください．定義（理論，補助定理）がどう使われるか，なぜおもしろいのか，ど

のようにそれが研究全体に役立つのか説明します．

　ほとんどの場合，論文の著者は，読み手よりも，問題についてよく知っています．その分野の専門家でさえ，問題の詳細の一部は知らないでしょうが，著者の方は，おそらく何カ月も何年もかかって問題を研究してきたので，多くのむずかしい問題を当然のこととしがちです．書き手は，読み手の常識以外はすべて説明すべきです．その常識が何かは，論文の主題とその発表場所によって決まります．

　読み手に何を教えるかを，論文を書くときに決めなければなりません．よい作文の秘訣は，読み手に何を学ぶ必要があるかをみきわめることです．論文は，すべての読み手がもつと仮定された基礎的知識から，新しいアイデアや結果を組立てる，一続きの概念です．論文の各構成部分では，読み手がこれまで何を学んだか，知識は次にくることを理解するのに十分か，さらに，各構成部分が当然の結果になっているかどうかを，検討してください．

優位性 (the upper hand)

　読者よりもっと知っている，もっと頭がよいと証明する必要性にさいなまれる優越感コンプレックスの著者もいるようです．おそらく，この行為にもっともふさわしい言葉は，「いばっている」でしょう．(Peter Medewar は，「他人の1枚上をいく」術の1つの要素として，"scientmanship"（科学者ぶった態度）という言葉を使っています [23].) 1つの形式が，ほとんどの科学者が決して読まない話題に精通することです．たとえば，ウィトゲンシュタインやヘーゲルのような哲学者に言及したり，"the argument proceeds on Voltarian principles" などと述べることです．もう1つの形式は，不必要なのに，むずかしい数学を使うことです．たとえば，"analysis of this method is of course a straightforward application of tensor calculus" とそっけなく述べることです．さらに，ほかの形式として，あまり知られていない，手に入らない参考文献を引用する人もいます．

　このような，読者より優位であることをひけらかすのは，俗物的で，うんざりさせます．読み手が理解できないことを述べるのが目的なので，唯一の伝達情報は，著者のエゴという印象だけです．読者のなかでいちばん無知な人たちのために同じ人間として書いてください．

ごまかし (obfuscation)

ごまかしとは，曖昧な入り組んだ言葉の表現法で，意味を隠したり，中身がないのに，すごいことをいっているようにみせる術です．これは，何かをやったというのではなく，やったという印象を与えることが目的のときに有用です．

× Experiments, with the improved version of algorithm as we have described, are the step that confirms our speculation that performance would improve. The previous version of the algorithm is rather slow on our test data and improvements lead to better performance.

"experiments ... are the step that confirms our speculation"（そのとおりですが，情報は提供していません）や，"improvements lead to better performance"（同義反復）のような退屈な文章に注目してください．実験が行われたとほのめかしていますが，実際に実験をしたという直接の主張はありません．

故意のごまかしは，科学論文にはあまりありませんが，曖昧な作文は蔓延しています．つねに，具体的に書くようにしましょう．例外はあるかないか，データはある割合で変換される，と書きます．"there may be exceptions in some circumstances" とか "data was transmitted fast" は役に立ちません．

ほかの形のごまかしもあります．誇張，重要な情報の省略，不充分な証明で結論に飛躍するなどです．不必要に形式を整えようとする，おおげさな文章はごまかしの1種です．

× The status of the system is such that a number of components are now able to be operated.
○ Several of the system's components are working.
× In respect to the relative costs, the features of memory mean that with regard to systems today disk has greater associated expense for the elapsed time requirements of tasks involving access to stored data.
○ Memory can be accessed more quickly than disk.

類推 (analogies)

類推と類似は奇妙なものです．完璧に似ているとみえるかどうかは，人によ

って異なります．類推のもう1つの欠点は，理論を不明瞭にすることです．2つの状況が，はっきりした類似性を示していても，知らないで類推を働かした基本的な違いがあるかもしれません．類推にはそれだけの価値がありますが，対象概念を理解する努力を著しく鈍らせます．私は，計算機分野の研究論文では，よい類推よりも悪い類推をたくさんみてきました．もっとも，単純な類推は，なじみのない概念を説明するのに役立ちます．

○ Contrasting look-ahead graph traversal with standard approaches, look-ahead uses a bird's-eye view of the local neighbourhood to avoid dead ends —but at the cost of feeding the bird and waiting for it to return after each observation.

隠れ蓑 (straw men)

ここで隠れ蓑と呼んでいるのは，弁解できないばかげた仮説で，反論され撃破されることだけが目的となるものです．発表論文の例を出すと，"it can be argued that databases do not require indexes" というような記述です．著者も読者も，索引なしのデータベースは，目録のない図書館と同様，実用にならないと知っています．このような文章は，主題についてよりも，著者について多くを物語っています．

この形式には，新しいアイデアをよりよくみせるために，ひどいアイデアと比較するものもあります．本当にひどいアイデアにも価値があると，読者に信じ込ませるので，この形式は醜悪としかいいようがありません．比較は，現在あるものとの間でなされるべきで，架空のこととの間でなされるべきではありません．

× Query languages have changed over the years. For the first database systems, there were no query languages and records were retrieved with programs. Before then data was kept in filing cabinets and indexes were printed on paper. Records were retrieved by getting them from the cabinets and queries were verbal, which led to many mistakes being made. Such mistakes are impossible with new query languages like QIL.

この形式には，新しいものと古いものとの比較もあります．たとえば，昔の論文の結果に対する批判です．その後で出版された論文には，きっと改善の後がみられるはずなので，このような批判には無理があります．

参考文献と引用

　著者は，自分の仕事がこれまでの知識のうえにどう築かれ，ほかの関連した結果とどう異なるかを示すことによって，これまでの研究と自分の新しい研究とを注意深く関連づけねばなりません．既存の研究結果は，出版された論文，本，報告書を引用して明らかにします．論文には，文献表，すなわち標準化された様式による参考文献の一覧の節が含まれ，本文中では引用が挿入されます．

　参考文献ならびにそれについての議論には，3つの目的があります．まず，研究結果が新しいことを示します．独創性の主張は，本文中で，（読者の観点から）似ているようにみえる従来の研究に言及することで，より納得できるものになります．また，それは，研究分野についての著者の知識をアピールします．これは，記述が，信頼されるために重要です．さらに，それは資料閲覧への指針になります．

　参考文献を載せる前には，それが読者にとって役立つかどうかを考えてください．参考文献は必要なものでなければなりません．最新のもので，できれば，手に入りやすいものにします．文献表をただ引き伸ばすために文献を付け加えてはいけません．2次的なものよりも原論文を参照します．悪いものよりうまく書かれたものを，会議録よりは本か学術論文を，技術報告や手稿よりも会議の発表論文（技術報告書などには査読がないという不利益がありますから）を参照します．個人的情報とかセミナーや講演での情報を参照するのは避けます．この種の情報は，読者には手が届かず確認できないので，役に立ちません．この手の資料を参照しなければならない場合には，脚注，括弧つきの注釈，または謝辞にします．文献表には入れないでください．

　常識事項については引用しないでください．たとえば，アルゴリズムで2分木を使用しても，データ構造の教科書を参照しないことです．しかし，主張や事実を述べた文章，あるいは過去の研究についての議論は，参照を示さなければなりません．この規則は，小さな点でも当てはまります．ある種の読者にとっては，その小さな点が主な関心事かもしれないからです．

　参考文献のいくつかは著者自身の論文でしょう．これは，その分野の理解者としての著者の権威を確立し，研究歴を示し，興味のある読者には，その発端

からたどることによって，研究をより深く理解できるようにします．しかし，理由もなく自分の文献を参照したのでは，上述の意図に反します．やっと手に入れた参考文献が関係ないとわかったら，とても疲れます．技術報告書の参照は，本当に重要で，ほかで入手できない資料が載っている場合に限ります．

手に入らない論文を参照しなければならない場合が，まれにあります．たとえば，1981年の論文でDawsonが "Kelly (1959) shows that stable graphs are closed" と書いていたとします．ところが，Kellyのその文献は手に入らず，Dawson (1981) には詳しく述べていないとします．みなさんの論文では，Kellyの論文を直接参照してはいけません．自分で確認していないし，Dawsonが間違っているかもしれないからです．

- ○ According to Dawson (1981), stable graphs have been shown to be closed.
- ○ According to Kelly (1959; as quoted by Dawson, 1981), stable graphs are closed.

2番目の形では，だれが結果を初めに出したかを述べています．文献表のKellyの項目では，参考文献が間接的なものだと明確に示しています．

元の資料を手に入れる方法があるかないかに関係なく，結果が正確には，どこからきたのか気をつけて述べてください．たとえば，Knuth's Soundex algorithmという参照が過去にありました．しかし，Knuthはこのアルゴリズムの作者ではありません．Knuthがこのアルゴリズムを論じたとき，アルゴリズムが世に出てから既に少なくとも50年が経っていました．

読者のなかには，引用出版物を入手できない人もいます．そういう人は，論文に書かれたことを信用します．このためだけでも，ほかの論文の結果は公平で正確に述べるべきです．どんな批判も正当な議論に基づかねばなりません．個人的意見は別において，論文をばかにしたり，その重要性を過大評価したりしないでください．また，悪口と受け取られるような表現はしないよう気をつけてください．

- × Robinson's theory suggests that fast access is possible, but he did not perform experiments to confirm his results [22].
- ○ Robinson's theory suggests that fast access is possible [22], but as yet there is no experimental confirmation.

こういう場合には，注意深い表現が必要です．Robinsonの研究結果を参照するときに，"Robinson thinks that …" と書くと，彼の間違いを暗示し，侮辱すら感じられます．"Robinson has shown that …" と書くと，Robinsonは文

句なしに正しいということを示します．"Robinson has argued that …" とも書けますが，この場合には，同意するかどうかをはっきり示すべきです．

このような落とし穴を避ける簡単な方法は，参考文献から直接文章を引用することです．とくに，たとえば，1文か2文で直接関係した文章のように，引用が短くて覚えやすい場合にはそうします．引用は，みなさんのいっていることと，ほかの人のいったことを，明らかに区別するので，剽窃の嫌疑をかけられることもありません．

引用資料は，用語も表記法も異なっていたり，文脈がまったく異なっていることが多いものです．ほかの論文の結果を使用するときには，必ず，自分の研究との関連を示してください．たとえば，参考した文献は一般的な事例を示しているのに，みなさんは特殊事例を使っているとします．この場合には，特殊例だということを明示しなければなりません．概念が等価だと主張するなら，読者に等価性が明らかだということを確認しておきます．

実証しきれない主張は次のように，そう明記し，あたかも公認の事実かのようにごまかしてはいけません．

- × Most users prefer the graphical style of interface.
- ○ We believe that most users prefer the graphical style of interface.
- × Another possibility would be a disk-based method, but this approach is unlikely to be successful.
- ○ Another possibility would be a disk-based method, but our experience suggests that this approach is unlikely to be successful.

引用における句読点の使い方は，第4章の「引用」で述べます．参照や引用については，Mary-Claire van Leunen の *Handsbook for Scholars* [4] が詳細に論じています．

引用の様式

取り上げた参考文献には著者を明記します．

- × Other work [16] has used an approach in which …
- ○ Marsden [16] has used an approach in which …
- ○ Other work (Marsden 1991) has used an approach in which …

後者は読者に，より多くの情報を提供し，しかも，後で論じる場合にも，"Marsden" の方が [16] より覚えやすいという利点があります．自分の論文

の参照はとくに匿名にしてはいけません．議論支持に使った参考文献が，自身の論文で，第3者の文献でないことは，読者に対して明確にすべきです．議論の対象としない文献は，著者名を省略して文献番号を示すだけにすることもできます．

- ○ Better performance might be possible with string hashing techniques that do not use multiplication [11, 30].

不必要な参照文献に関する記述はやめておきます．

- × Several authors have considered the problem of unbounded delay. We cite, for example, Hong and Lu (1991) and Wesley (1987).
- ○ Several authors have considered the problem of unbounded delay (Hong and Lu 1991 ; Wesley 1987).

これまでに，2種類の引用形式をあげました．1つは，一連番号形式（ordinal-number style）です．文献表の項目に番号をふり，"… is discussed elsewhere [16]" のように，番号で参照します．もう1つは，著者日付け（ハーバード）形式で，項目を "… is discussed by Whelks and Babb (1972)" とか，"… is discussed elsewhere (Whelks and Babb 1972)" のように参照します．3つ目の一般的な形式として，"… is discussed elsewhere [16]" のように右肩に番号をつける方式もあります．私は，よりよい書き方を勧める，一連番号方式を好みます[7]．

このほかに，[MAR 91] のように大文字の略字方式もあります．これは，よくない形式です．"… is discussed in [WHB 72]" のような，大文字だけが文章のなかで目立って，むしろ目先がちらつく，まずい作文にしてしまいます．

多くの論文誌が独自の形式を採用していることを忘れないようにしてください．（文献表は，読者にとって便利だからアルファベット順にならべなさいという論文誌もあれば，活字を組むのに便利だから，引用順にならべなさいという学術誌もあります．）作文の際には，引用形式が変わっても問題がないようにしてください．

3人以上の著者による文献を論じる時には，第1著者以外は "*et al.*" を使っ

7：この参照形式も著者によって評価の分かれるところです．たとえば，『理科系英文作成の基本』（脚注3参照）はハーバード形式を推奨しています．著者が個人の好みとして述べていて，事実として述べていない点に注意してください．

てもかまいません．

- ○ Howers, Mann, Thompson, and Wills [9] provide another example.
- ○ Howers et al. [9] provide another example.

"*et al.*"の終止符に注意．これ自体がラテン語 et alii の省略形です．

　文献表の各項目には，読者がその文献をみつけられるように，十分な詳細を与えてください．特別な場合を除いては，全著者の氏名を載せます．文献表の項目では，"*et al.*" は使うべきではありません．例外は，著者らが自分たちを "*et al.*" で参照するというまれな場合です．（"The Story of O_2" by O. Deux *et al.* という論文を一度だけみたことがあります．）

　同じ種類の項目は，同じ形式にしてください．たとえば，著者名を，"Heinrich, J"，"Peter Hurst"，"R. Johnson"，"SL Klows" と並べてはいけません．第4章「大文字」で説明するように，大文字の使い方を一貫させてください．みなれない学術誌の省略形はやめましょう．（"*J. Comp.*" にとまどった覚えがあります．）

論文誌の論文　　論文誌名は省略せずに載せてください．著者名，論文の表題，発行年度，巻数，号数，ページを載せなければなりません．発行月も書くようにします．

- ×　T. Wendell, "Completeness of open negation in quasi-inductive programs", *J. Dd. Lang.*, **34**.

は不適当です．次のように変えます．

- ○　T. Wendell, "Completeness of open negation in quasi-inductive programs", *ICSS Journal of Deductive Languages*, **34** (3): 217-222, November 1994.

会議での発表論文　　会議名を完全に書き，著者，表題，開催年度，ページを載せます．出版社，会議開催地，開催月，編集者も載せます．

書籍　　表題，著者，出版社とその住所，発行年度，必要な場合は版，巻数を載せてください．参照部分が特定部分に関する場合には，ページ番号も書いてください．たとえば，"(Howing 1994)" と書くだけではなく，"(Howing 1994; pp. 22-31)" と書きます．文献の章を参照するなら，その表題，ページ，必要なら著者名を書いてください．

技術報告書　　表題，著者，年度，報告書番号のほかに，出版元住所（普通は著者の所属先）を書きます．報告書が ftp か http でオンライン入手可能なら，そのアドレスを載せましょう．

入手しにくい文献　　できるだけ多くの情報を載せるようとくに心がけます．たとえば，First Scandinavian Workshop on Back Compatibility を参照するなら，論文集や論文のコピーをどのようにして手にいれるかを説明してください．

引　用　文

　引用文はほかの情報源の文章です．普通，議論を支持するために載せます．短いものは，2重引用符に入れます（1重引用符より，みわけがつきアポストロフィとまちがえることもありません）．長い引用文は，切り離して字下げを変えます．

- ○ Information retrieval is "the science of matching information needs to documents" (Brinton 1991).
- ○ As described by Kanu [16], there are three stages:
    First, each distinct word is extracted from the data. During this phase, statistics are gathered about frequency of occurrence. Second, the set of words is analyzed, to decide which are to be discarded and what weights to allocate to those that remain. Third, the data is processed again to determine likely aliases for the remaining words.

引用箇所は，原典の正確な写しでなければなりません．文章の意味を変えない限り，構文を変えることも許されますが，これは最小限にとどめてください．とくに，強調のために斜体に変えるような，字体の変更は，用語を変えるときと同様に明示してください．

　"Davis regards it as 'not worty [sic] of consideration' [11]" のように [sic] で，原資料自体の間違いを示せます．間違いの指摘は礼儀からははずれます．このような [sic] の使用や，[sic] が必要な引用は避けてください．[sic] を用語や専門語の意味が違うということを示すために使うのは，さらにまれなことです．

- × Hamad (1990) shows that "similarity [sic] is functionally equivalent to identity"; note that similarity in this context means homology only, not the more general meaning used in this paper.

長々しい説明だと引用の理由がわからなくなります．

- ○ Hamad (1990) shows that homology "is functionally equivalent to identity."

この種の自然な短い文章では，本当は，引用しなくてよいのです．

　○　Hamad (1990) shows that homology is functionally equivalent to identity.

挿入，置き換え，所見などのほかの変更は，角括弧でくくります．短い省略は省略符で表します．

　○　They describe the methodology as "a hideous mess … that somehow manages to work in the cases considered [but] shouldn't".

(省略符は正確に3つの点からなり，それより多くも少なくもないことに注意．)

　省略符は，引用の頭では，不要です．また，「などなど」を意味させる場合を除いては，末尾にも不要です．長い省略のときには，省略符を使ってはいけません．2つの引用に分けてください．

　引用文をだいなしにしないように注意．

　×　According to Fier and Byke such an approach is "simple and…fast, [but] fairly crude and … could be improved" [8].

むしろ，引用文を言い換えた方がよいでしょう．

　○　Fier and Byke describe the approach as simple and fast, but fairly crude and open to improvement [8].

長い引用文や，アルゴリズムや図などの資料を含めた引用は，出版社および原典の著者の許可が必要です．

　定義が十分でないことを示すために，引用されることがあります．

　×　This language has more "power" than the functional form.

この場合，著者は，読者がみな，"power" という言葉を同じ意味に理解すると仮定しているに違いありません．このような引用法は，たとえば，著者自身が "power" の意味するところを，はっきりとはわかっていないという，乱れた考えを示します．

　○　This language allows simpler expression of queries than does the functional form.

皮肉をいうために言葉が引用される，もっとまれなこともあります．"in their 'methodology'" は，*in their so-called methodology* と解釈されます．すなわち侮辱するのです．このような引用は勧めません．

謝　　辞

　科学論文の謝辞では，助言や校正を含め，なんであれ手伝ってくれた人にはすべて礼を述べるべきです．研究生，研究助手，技術サポートおよび同僚も含みます．資金援助元にも感謝します．科学的内容に貢献した人だけに謝辞を述べるのが普通です．本当に研究を手伝ったのでなければ，両親や猫には感謝しません．本の場合には謝辞の対象はもっと広くて，技術以外で助けてくれた人たちにも感謝します．論文への名前の載せ方やあるいは名前を載せること自体を嫌がる人に対しては，謝辞を考えましょう．

　謝辞には，一般に2つの形式があります．1つは，論文を手伝ってくれた人の名前を単に挙げることです．

- ○　I am grateful to Dale Washman, Kim Micale, and Doug Wen. I thank the Foundation for Science and Development for financial support.

こんな例でも，自尊心を傷つける可能性があります．たとえば，Kim はなぜ，Dale の後なのか不審に思うかもしれません．

　もう1つの形式は，それぞれの人の貢献を説明することです．一方では，謝辞の範囲を広げすぎないようにします．Kim と Dale が証明したなら，なぜ，2人が著者でないのでしょうか．他方では，範囲を狭めすぎて，心のこもらないほめ言葉にしてもいけません．

- ×　I am grateful to Dale Washman for discussing aspects of the proof of Proposition 4.1, to Kim Micale for identifying technical errors in Theorem 3, and to Dong Wen for helping with some of the debugging. I thank the Foundation for Science and Development for financial support.
- ○　I am grateful to Dale Washman and Kim Micale for our fruitful discussions, and to Doug Wen for programming assistance. I thank the Foundation for Science and Development for financial support.

この形だと，同僚のだれが知的な貢献をしたのかはっきりさせるという利点があります．

　"Iwould like to thank …" や "I wish to thank …" のように謝辞を述べる著者もいます．私には，感謝したいが，ある理由でできないというようにきこえます．代わりに "Iam grateful to …" または，単に "I thank …" を使いましょう．

倫　理

　自分の結果の重要性や独創性を誇張し，以前の結果をおとしめ，自分の論文が出版されやすくすることは，ともすると心がそそられることです．しかし，科学界は，公表された研究が，新しく客観的で公正であることを期待します．著者は，意見を事実であるかのように述べたり，真実をねじ曲げたり，他人の仕事を盗用したり，既に出版された結果を自分の独創であるとほのめかしてはいけません．

　盗用とは，文章の中身をそのまま写すことだけではなく，謝辞も述べずに他人のアイデアや結果を利用することも含みます．自分自身の文章を再利用する著者も，それがいったん論文誌などの形で版権が生じた後では，盗用の罪になるとさえいわれます．この問題は Stone [8] と Samuelson [9] が検討しています．著者たるものは，常に，新しい論文のために新鮮な文章を書くべきです．

　同じ結果に基づく複数の論文の出版は，たとえば同じ研究の速報的な論文に対して，後から得られた新たな結果に基づき，より完璧な論文を十分な参照をつけて出版するというような例外を除けば，不適切と広くみなされています．同じ結果に基づく論文を，複数の雑誌や学会に同時に提出するときには，その事実を明らかにするべきです．通常は，このような発表は遠慮するよう依頼されます．

　今では，著者が，たいていは技術報告の形で，インターネットで自分の論文を公開するのが普通です．このような正式でない公開により，次のような倫理上の問題が2つ生じます．1つは版権です．論文誌か学会の編集者は，このような入手可能な論文を，既に出版されたものとみなし，同じ論文を公式に出版することを拒絶します．「ACM interim copyright policies [10]」では，このような非公式出版自体は非難されていませんが，いったん論文誌に掲載されることになったら，非公式版を取り除くことを期待します．

8：原注　Harold S. Stone, "Copyrights and author responsibilities", *IEEE Computer*, **25** (12): 46-51, December 1992.
9：原注　Pamela Samuelson, "Self-plagiarism or fair use ?", *Communications of the ACM*, **37** (8): 21-25, August 1994.
10：原注　*Communications of the ACM,* **38** (4): 104-109, April 1995.

インターネットでの公表のもう1つの問題は，不変性にかかわるものです．オンライン論文では，いとも容易に，著者が誤りを発見して痕跡を残さずに黙って訂正できます．そこで，読み手側は，論文が本質的な意味で変わっていないという信頼をもてません．（もちろん，このような変更は印刷された技術報告でもありうることですが，原版が相変わらず存在することにより，常に参照できる定まった文書があることになります．）　オンライン論文の修正は，版番号と出版日を常に明記すべきです．原版は，他人が参照できるように，ずっと入手可能にすべきです．

著者であること

だれが論文の著者として栄誉を受けるべきかを判断するのは，困難で感情的な問題です．幅広く受け入れられている見方は，著者たるものは論文の知的内容に重要な貢献をしていなければならないというものです．だから，指示に従ったプログラミングや論文の校正などは，通常，著者にふさわしいとはみなされません．著者は，概念化，実行，結果の解釈に加わっていなければなりません．普通はこれらすべてに参加すべきです．しかし，どの程度の貢献が「重要」かは定義不能で，どの場合にも異なってきます．

研究に貢献した研究者は，著者に含まれる機会が与えられるべきです．だが，本人の許可なしに載せられるべきではありません．

第1著者を主な貢献者だと思う読者が多いので，関連問題としては，著者の順番があります．明らかに第1貢献者である研究者の名前をいつも最初に挙げるべきです．Alfred Aaby が英字順での記名を普通だと主張しても信じてはいけません．明らかな主著者を欠く場合には，英字順，または，逆英字順にして注釈をつけるか，同じ著者たちで前にも論文を発表しているのなら，第1著者をたらいまわしにしたり，前回と逆の順序にすることも考えられます．多くの指導教官は，教え子である共著者を，最初におくものです．

文　法

本書では，文法についての助言を避けます．作文の明確性は，通常の用法に一致しているかどうかに，大きく左右されるからです．しかし，文法の一側面

は，検討に値します．ほかの人の文章を，「不定詞は分けてはいけない，"and"や"but"で文章を始めてはいけない」などの伝統的文法を使って批判する人たちがいます．私は，作文に対するこの態度が嫌いです．文法規則は守るべきですが，明確性や意味を犠牲にすべきではありません．しかしながら，文法的間違いだらけでは，読者を困惑させてしまうことを忘れないように．

美 し さ

　文体指導についての論者は，文章に芸術的判定を適用したがります．これは，科学的論文を文学的散文として判断すべきといっているのではありません．それは実際，まったく不適切です．そうではなく，文章が，水晶のように透明で，リズム感があり，調子のよいものであるべきだ．堅苦しかったり，あますぎたり，こってりした文章や，おもしろくない，気が滅入るような，じめじめした文章は嫌われるべきだというように解釈できます．

　このような判断がどれほど役立つかは，ほとんどの著者にとって明らかではありません．確かに，よく練られた文章は，読むのに楽しく，まずい文章はなかなか進みません．リズムのよい文章は，理解が楽です．しかし，私の考えでは，文章の美しさに気づいても，それを会得するのに役立つわけでもなく，未熟な書き手にとって，文章の美に関する専門用語が意味をもつとも思えません．簡潔さと明確さを達成することを目標にするだけで十分でしょう．

第3章

文体：具体的なこと

> あの独特のこんがらがった叙述が，彼にはまるで珠玉とも思われたからであって，『わがことわりに報い給う，ことわりなきことわりにわがことわりの力も絶えて，君が美しさをなげきかこつもまたことわりなり』……こういうたいへんな叙述のおかげで，哀れにもこの騎士は正気を失って……
>
> セルバンテス『ドン・キホーテ』（会田 由訳）

> ノッカーの下にはこんな注意書き
> へんしがいるならべるおして
> 呼び鈴の紐の下にはこんな注意書きがありました．
> へんしがいらなきゃのっくして
> これは森の中で一人だけ字が書けるクリストファー・ロビンが書いたものでした．
>
> ミルン『くまのプーさん』（石井桃子訳）

表題と見出し

　論文と節の表題は手短で，内容のよくわかるものでなければなりません．一般的な言葉より，具体的な用語を使い，内容を正確に述べてください．長い言葉の複雑な表題は，理解しにくいのです．

- × A New Signature File Scheme based on Multiple-Block Descriptor Files for Indexing Very Large Data Bases
- ○ Signature File Indexes Based on Multiple-Block Descriptor Files
- × An Investigation of the Effectiveness of Extensions to Standard Ranking Techniques for Large Text Collections
- ○ Extensions to Ranking Techniques for Large Text Collections

表題を短くしすぎて，内容のないものにしないように．"Limited-Memory Huffman coding for Databases of Textual and Numeric Data" は，あまりよくありませんが，"Huffman Coding for Databases" よりははるかによいで

しょう．後者はあまりに一般的すぎます．

　正確さは，人目を引くより重要なことです．"Strong Modes can Change the World" は，内容を伝えていないだけでなく，行きすぎでしょう．もっとも，表題がおもしろければ，本文が読まれる可能性が高いのも事実です．論文の中で，莫大な数の人たちが目にするのは表題だけです．表題が論文の内容を反映していなければ，適切な読み手を得られません．

　表題や節見出しは，完全な文である必要はありません．実際，そのような表題はむしろ奇妙にみえます．

　　× Duplication of Data Leads to Reduction in Network Traffic
　　○ Duplicating Data to Reduce Network Traffic

節見出しは，論文の論理構造を反映します．節見出しが "Lists and Trees" なら，最初の小節は "Lists" で，次が "Trees" となります．"Other Data Structures" などを使ってはいけません．節見出しが "Index Organization" なら，小節の見出しは，"B-Trees" のほうが "B-tree Indexes" よりよいでしょう．

　論文（あるいは学位論文などの章）は，通常，節および小節からなります．小節をさらに細かい細節に分ける必要はまずありません．文章を小さな塊に区分けしてしまうのはやめましょう．1ページに3つも見出しがあっては多すぎます．しかし，節の個数が少なすぎてもいけません．1つの節が2，3ページも続くようでは，論理的な流れを追いかけるのが困難になります．

　見出しに番号を打つかどうかは自由です．私個人の好みでは，主見出しと副見出しの2種類だけを使い，主見出しにだけ番号をつけます．見出しにいっさい番号をつけない場合は，主見出しとそうでない見出しとを，フォント，サイズ，位置で，はっきり区別しましょう．

冒頭段落

　冒頭段落で，論文全体への読者の態度が決まります．だから，うまく始めましょう．文書すべてが，注意深くつくられ編集されるべきですが，始まりには，とくに気を遣って最良の印象を与えるようにします．摘要はとくにうまく書いてください．不要な言葉はいりません．先頭は直接的で率直な文にしてください．

　　× Trees, especially binary trees, are often applied indeed indiscriminately

- applied to management of dictionaries.
- ○ Dictionaries are often managed by a data structure such as a tree, but trees are not always the best choice for this application.

このように始めてはいけないという次の例は，実際あった論文の最初の文です．

- × This paper does not describe a general algorithm for transactions.

ずっと後になってから，論文が特別な場合のアルゴリズムについて述べているのだと，読者が気づくのです．

- ○ General-purpose transaction algorithms guarantee freedom from deadlock but can be inefficient. In this paper we describe a new transaction algorithm that is particularly efficient for a special case, the class of linear queries.

冒頭段落は，どんな読者にもわかりやすいものにしてください．細部まで理解できない読者でも，みなさんの研究の結果と重要性が理解できるように，専門用語は，後にとっておいてください．すなわち，いかになされたかではなく，その内容を述べます．

"This paper concerns …"とか"In this paper …"で摘要や導入部を始めると，往々にして文脈から切り離して結果を述べることになります．

- × In this paper we describe a new programming language with matrix manipulation operators.
- ○ Most numerical computation is dedicated to manipulation of matrices, but matrix operations are difficult to implement efficiently in current high-level programming languages. In this paper we describe a new programming language with matrix manipulation operators.

この改版により論文の貢献の文脈が述べられます．

論文の導入部の一般的な構成では，冒頭段落を使って背景や位置づけといった文脈を述べます．ここで，読者におもしろそうだと思わせます．最初の文で，話題を明確にします．

- × Underutilization of main memory impairs the performance of operating systems.
- ○ Operating systems are traditionally designed to use the least possible amount of main memory, but such design impairs their performance.

この改訂はいくつもの点ですぐれています．まず，明瞭です．文脈を述べる先頭の文は，operating systems don't use much memoryと言い換えられます．また，元の文章に比べて肯定的です．

現存知識を述べることと，論文の貢献内容を述べることとは区別するよう心がけてください．

- × Many user interfaces are confusing and poorly arranged. Interfaces are superior if developed according to rigorous principles.
- ○ Many user interfaces are confusing and poorly arranged. We demonstrate that interfaces are superior if developed according to rigorous principles.

摘要から，そのまま流れてくるような導入は書かないこと．摘要は，論文を開始するものというよりはまとめるものですから．論文は摘要を除いても完璧なものでなければなりません．

多様性

構成，構造，文や段落の長さ，単語の選択などにおける多様性は，読者の注意を引きつけておくのに有効な道具です．

- × The system of rational numbers is incomplete. This was discovered 2000 years ago by the Greeks. The problem arises with squares whose sides are of unit length. The length of the diagonals of these squares is irrational. This discovery was a serious blow to the Greek mathematicians.
- ○ The Greeks discovered 2000 years ago that the system of rational numbers is incomplete. The problem is that some quantities, such as the length of the diagonal of a square with unit sides, are irrational. This discovery was a serious blow to the Greek mathematicians.

改訂版では，最後の文が，元の例と変わっていないにもかかわらず，より効果的になっています．

段落づけ

段落は，通常，1つの話題か問題についての議論で成り立ちます．よい論文では，議論はともかく，要点が段落の冒頭の文に書かれ，段落の残りの文でその補足や例を与えます．段落内のどの文章も，冒頭の話題に関連しなければなりません．

長い段落は，議論の説明が十分できていないためという可能性があります．さらに，読者の注意は段落の最初と最後とに集まり，まん中の本文にはあまりいきません．長い段落を区切れるものなら，そうしてください．段落の長さに

変化がある方が，そのページをみた感じがよくなります．本文を同じ長さの段落に切ってしまわないようにします．

　文脈情報は段落が変わると忘れられます．また，段落を越えての参照も追随が困難です．たとえば，ある段落で高速ソーティングアルゴリズムを論じたなら，次の段落では，"This algorithm …" と始めるのではなく，"The fast sorting algorithm …" と始める方がよいでしょう．また，Harvey に言及したなら，次の段落では，his ではなく，Harvey's の方がよいでしょう．キーワードや重要な語句をもう1度使ったり，段落の内容を次の段落の内容に接続する表現を使って，段落をつなげてください．

　段落に代わるものとして，形を整えた箇条書きも一般によく使われます．箇条書きは，次のような理由で役立ちます．

- 要点を目立たせます．
- 文脈が明白です．段落内で論点の個数が多いと，文章では，後の要点が，本来の論点の一部なのか，その前の議論に属するのか判断がむずかしくなります．
- 個々の要点を，話の筋道を混乱させずに詳しく考えられます．
- 参照が簡単です．たとえば，アルゴリズムに必要な性質をチェックする場合など．

　箇条書きにした論点は番号，行頭記号，または見出しをつけることができます．順序が重要なときは番号だけを使用してください．個々の箇条を参照する必要があるなら，番号か見出しを使ってください．そうでなければ，上の箇条書きのように行頭文字を使ってください．使って問題のない記号は，黒丸（・）や横棒（—）です．"★" のような凝った記号やアイコンは子どもっぽくみえます．

　箇条書きの欠点は，目立たせすぎることです．ささいなことを箇条書きすると，重要な情報を含む段落よりも注意を引きかねません．重要で列挙する必要がある内容だけに箇条書きを使ってください．

文 の 構 造

　文章は簡潔な構造でなければなりません．それは，1行か2行以下ということとです．一度にあまり多くのことをいってはいけません[11]．

- × When the kernel process takes over, that is when in the default state, the time that is required for the kernel to deliver a message from a sending application process to another application process and to recompute the importance levels of these two application processes to determine which one has the higher priority is assumed to be randomly distributed with a constant service rate R.
- ○ When the kernel process takes over, one of its activities is to deliver a message from a sending application process to another application process, and to then recompute the importance levels of these two application processes to determine which has the higher priority. The time required for this activity is assumed to be randomly distributed with a constant service rate R.

11：原注　次に引用するのは，オーストラリアのヴィクトリア州不動産協会の標準賃貸契約書のある版から取った1文です．これは，477語からなり，3対の括弧，1つのコンマ，1つの終止符しか句読点を含みません．これは，"the holder of a lease containing this clause has agreed not to take action if, in circumstances such as failure to pay rent, assaulted by the property's owner" という「契約書細目（the fine print）」でいう "clause"（条項）の例になります．

　If the Lessee shall commit a breach or fails to observe or perform any of the covenants contained or implied in the Lease and on his part to be observed and performed or fails to pay the rent reserved as provided herein (whether expressly demanded or not) or if the Lessee or other person or persons in whom for the time being the term hereby created shall be vested, shall be found guilty of any indictable offence or felony or shall commit any act of bankruptcy or become bankrupt or make any assignment for the benefit of his her or their creditors or enter into an agreement or make any arrangement with his her or their creditors for liquidation of his her or their debts by composition or otherwise or being a company if proceedings shall be taken to wind up the same either voluntarily or compulsorily under any Act or Acts relating to Companies (except for the purposes of reconstruction or amalgamation) then and in any of the said cases the Lessor notwithstanding the waiver by the Lessor of any previous breach or default by the Lessee or the failure of the Lessor to have taken advantage of any previous breach or default at any time thereafter (in addition to its other power) may forthwith re-enter either by himself or by his agent upon the Premises or any part thereof in the name of the whole and the same have again repossess and enjoy as in their first and former estate and for that purpose may break open any inner or outer doorfastening or other obstruction to the Premises and forcibly eject and put out the Lessee or as permitted assigns any transferees and any other persons therefrom and any furniture property and other things found therein respectively without being liable for trespass assault or any other proceedings whatsoever for so doing but with liberty to plead the leave and licence which is hereby granted in bar of any such action or proceedings if any such be brought or otherwise and upon such re-entry this Lease and the said term shall absolutely determine but without prejudice to the right of action of the Lessor in respect of any antecedent breach of any of the Lessee's covenants herein contained provided that such right of re-entry for any breach of any covenant term agreement stipulation or condition herein contained or implied to which Section 146 of the Property Law Act 1958 extends shall not be exercisable unless and until the expiration of fourteen days after the Lessor has served on the Lessee the Notice required by Sub-section(1) of the said Section 146 specifying the particular breach complained of and if the breach is capable of remedy requiring the Lessee to remedy the breach and make reasonable compensation in money to the satisfaction of the Lessor for the breach.

カーネルプロセスがデフォルトの状態であることは，ここでは無関係なので，ほかで説明すべきです．

　この例は，関連する語句の間に言葉が多すぎるとどうなるかという結果も表しています．元の版では "the time that is required for *something* is assumed to be ..." といっていますが，その *something* に34語も使っています．手直しした方がより明瞭なのは，その *something* が2語になっているからです．ずっとわかりやすい文構造です．

　同様に，入れ子式の文章は避けるのが賢明です．つまり，主張の一部でない情報を文の中に埋めこんではいけません．

- × In the first stage, the backtracking tokenizer with a two-element retry buffer, errors, including illegal adjacencies as well as unrecognized tokens, are stored on an error stack for collation into a complete report.

この文には，肝心の言葉が抜けているために，まずいのです．先頭を "In the first stage, which is the backtracking tokenizer ..." とすべきです．次に，いかに誤りを取り扱うかという主情報が，定義と紛れています．入れ子にした内容は，とくに括弧で括っているなら，省いてください．本当に必要なら別に文を立ててください．

- ○ The first stage is the backtracking tokenizer with a two-element retry buffer. In this stage possible errors include illegal adjacencies as well as unrecognized tokens; when detected, errors are stored on a stack for collation into a complete report.

腰砕けの if 表現に注意しましょう．

- × If the machine is lightly loaded then speed is acceptable whenever the data is on local disks.
- ○ If the machine is lightly loaded and data is on local disks then speed is acceptable.
- ○ Speed is acceptable when the machine is lightly loaded and data is on local disks.

元の版では，whenever による "if" の条件が，speed is acceptable という結論の後に出てくるので，よくないのです．

　長い，まわりくどい文をつくるのは容易です．たとえば，まず原則を述べ，次にそれを修正します．（これ自体は必ずしも悪い習慣ではありませんが，粗末な文章構成になることが多いようです．）そして，その修正について説明

し，そういう修正が適用される条件について説明し，さらには結果としてほかの話題，たとえば，原則の背後にあるアイデアとか，修正が施された例や施されなかった例，はたまた，その文にもはや関係のない題材について，文を続けてしまうことです[12]。このような文は，明らかに訂正しなければなりません。長文によっては，"and"やセミコロンを終止符に置き換えるだけで，短い文に分けることができます。2つの文をいっしょにする特別な理由がなければ，分けたままにしておきましょう。

修正を間違えないように気をつけてください。

- × We collated the responses from the users, which were usually short, into the following table.
- ○ The users' responses, most of which were short, were collated into the following table.

二重否定は構造の理解がむずかしく，文が曖昧になります。

- × There do not seem to be any reasons not to adopt the new approach.

これでは，非難しているという印象を受けます。この文は，*we don't like the new approach but we're not sure why* といっているように解釈できます。ところが，意図は賞賛なのです。ここに引用したのは，この新しい方式を推奨する論文からとったものです。これも，学者的なもったいをつけすぎる傾向の例です。これを，"There is no reason not to adopt the new approach" と修正すると，迫力はありますが，まだ否定的です。同じ意味をもたせながら，さらに改良するのは困難です。それは，おそらく意図が明確でなかったからです。次の文の方が，著者の目的をよりよく反映しているでしょう。

- ○ The new approach is at least as good as the old and should be adopted.

歌を歌うような文句は，浮いてしまいます。リズムや頭韻をとるのもあまりよくありません。

- × We propose that the principal procedure of proof be use of primary predicates.
- × Semantics and phonetics are combined by heuristics to give a mix that is new for computational linguistics.

12：この文章自体が，まわりくどい文の例になっています。

繰り返しと対応

　同じ形の文を何度も使うと，文章が単調になります．"however", "moreover", "therefore", "hence", "thus", "and", "but", "then", "so", "nevertheless", "nonetheless" で始まる文の羅列は，避けましょう．"First, ... Second, ... Last, ..." のようなパターンを使いすぎないでください．

　相補的概念は並列に説明します．そうしないと，読者には概念が関連づけにくくなります．

- ×　In SIMD, the same instructions are applied simultaneously to multiple data sets, whereas in MIMD different data sets are processed with different instructions.
- ○　In SIMD, multiple data sets are processed simultaneously by the same instructions, whereas in MIMD multiple data sets are processed simultaneously by different instructions.

反意語を使った並列もあります．

- ×　Access is fast, but at the expense of slow update.
- ○　Access is fast but update is slow.

並列構造がないと意味が曖昧になることもあります．

- ×　The performance gains are the result of tuning the low-level code used for data access and improved interface design.
- ○　The performance gains are the result of tuning the low-level code used for data access and of improved interface design.

上の文はさらに手直しできます．対のうちの長い節の方を，最後に移す方が親切です．

- ○　The performance gains are the result of improved interface design and of tuning the low-level code used for data access.

並列には，いくつかの標準形があります．"on the one hand" は，"on the other hand" と対応します．"One ..." で始まる文は，"Another ..." で始まる文が続くことを示します．"First ..." で，始めたら，それに対応する箇所の文は "Second", "Next", "Last" のように同じ形の信号を送るべきです．

　並べ上げるときには，並列構造を使ってください．

- ×　To achieve good performance there should be sufficient memory, parallel disk arrays should be used, and caching.

構文的には最後に "should be used" を付け加えれば正しくなりますが，結果はぎごちないものです．完璧に修正した文章は，次のようにもっと好ましくなります．

○ Achievement of good performance requires sufficient memory, parallel disk arrays, and caching.

直接的な表現

間接的表現（受動態表現），とくに，だれまたは何がその行動をしたのか明示しない表現の多用を避けます．

× The following theorem can now be proved.
○ We can now prove the following theorem.

直接的文体（能動態）は，堅苦しくなく読みやすいのです．

不快で間接的な，もう1つの文体は，"perform" や "utilize" のような動詞を不自然に使うことです．これは，このような文章がより科学的で正確だと間違って信じられているためです．

× Tree structures can be utilized for dynamic storage of terms.
○ Terms can be stored in dynamic tree structures.
× Local packet transmission was performed to test error rates.
○ Error rates were tested by local packet transmission.

このように使われる単語にはほかに，"achieved"，"carried out"，"conducted"，"done"，"occurred"，"effected" があります．

態を変えると，ときには意味が変わり，強調のしかたが変わります．受動態が必要なら，使ってください．能動態がまったくないのは不快ですが，受動態がすべて悪いといっているのではありません．

とくに摘要や導入部で，その論文での成果と，該当分野でのこれまでの既知の結果とを区別しようとするときには，"we" を使うのが有効です．たとえば，"it is shown that stable graphs are closed" だけでは，いったいだれが示したのか決めかねます．"it was hypothesized that ..." では，仮説がこの論文で述べられているのか，別の論文で提案されていたのかわかりません．"we" の使用は文章を簡潔にもします．"we show" と "in this paper it is shown that ..." を比べてください．また，"the authors" のような格好をつけた表現よりも好ましいものです．

"this paper shows …", "this section argues …" のような言葉遣いをする著者もいます．これらの表現は，論文に問題があることを暗示しており，使わない方がよいでしょう．

"we" の使用がまずい場合もあります．

× When we conducted the experiment it showed that our conjecture was correct.

この "we" の使用は，ほかのだれかが実験をしたら，異なった結果になると暗にいっています．

○ The experiment showed that our conjecture was correct.

私は，著者の意見が後に続くことを示すのに使われるときを除いて，科学論文に "I" を使うのは好きではありません．しかし，ただ1人の著者の書いた論文で，"we" の代わりに "I" を使うのは，よくあることです[13]．

曖 昧 さ

曖昧さは注意深くチェックしてください．意図がわかっているために，自分自身の文章に曖昧さを探すことは困難です[14]．

× The compiler did not accept the program because it contained errors.

13：原注　人称代名詞の使い方は，英語の書き方について，論争の的になる部分です．一方には，人称代名詞は，著者の人格性を導入してしまうので，客観性を損うと考え，したがって，使うべきではないと主張する人がいます．もう一方には，論文を個人の作業でないかのように書くのは知性の名のもとで不正直であり，しかも，人称代名詞の使用によってとにかく論文は読みやすくなると主張する人がいます．

Kirkman [16] が，技術文書における人称代名詞の使用を調べています．1つの文章に対してさまざまな様式を回答者に対して示したものです．総計2800ほどの回答からは，人称的構成要素が好まれていることがはっきりわかります．従来の形式的な様式は，面倒でむずかしいと思われています．興味深いことに，多くの回答者が，より人称的な会話的様式の方が，曖昧さが少なく，理解しやすいと考えているのだが，科学技術作文に適当だとは考えていないということです．

14：原注　オーストラリア政府発行の安全な性生活ガイドには，"a table on which sexual practices are safe" という文句が含まれています．これが家具のことをいっているのではないことは明らかでしょう．新聞の見出しは，曖昧さの宝庫です．たとえば，次のようなものがあります．

"Enraged Cow Injures Farmer with Axe", "Miners Refuse to Work after Death"（訳注　この見出しは "Miners refuse to work after the death of a fellow worker" のつもりなのに，"Miners who have died refuse to work" と読めてしまいます．）

はっきりと曖昧と断定できるわけではありませんが，the pilot of a plane that crashed killing six people was flying "out of his depth" という文章は，誤まった印象を与えているといってよいでしょう．（訳注　Zobel さんによると，"out of his depth" 「力が及ばない」という成句の元が，泳ぎで深みから出ようという場面でつくられているので，パイロットが水の中を飛行しているような印象を与えかねないそうです．）

○ The program did not compile because it contained errors.

次の例はマニュアルからのものです．

× There is a new version of the operating system, so when using the "fetch" utility, the error messages can be ignored.
○ There is a new version of the operating system, so the "fetch" utility's error messages can be ignored.

混乱の一部は，よけいな "when using" という文句からきています．ユーティリティが使われないなら，エラーメッセージはないといおうとしているのです．

"it"，"this"，"they" のような代名詞は，必ず明確な指示対象をもつようにしてください．

× In addition to skiplists we have also tried trees. They are superior because they are slow in some circumstances but have lower asymptotic cost.
○ In addition to skiplists we have also tried trees. Skiplists are superior because, although slow in some circumstances, they have lower asymptotic cost.

よく混乱の元になるのは，速度と時間です．曖昧でなくても，「スピードが増してくる」(increasing speed) というフレーズは，「時間が増している」(increasing time) と受け取られやすいのですが，意味は正反対になります．「費用を改善する」(improving affordability) のような句についても同じ問題が起こります．

まずい文章は，曖昧な文章よりは普通，好感をもたれます．しかし，おおげさな文章は，読者を困惑させ，曖昧さも免れないことを覚えておいてください．

強　　調

文章の構造は，ある言葉に強調，すなわち重点をおきます．構造が変わると強調点も変わります．

× The algorithm is appropriate because each item is written once and read often.

これでは，何がアルゴリズムの作用を適切なものにしているのか明確ではありません．強調は最後の2語におかれるべきで，5つの単語におくべきではあり

ません．
- ○ The algorithm is appropriate, because each item is only written once but is read often.

不適切な強調は曖昧さを導きます．
- × Additional memory can lead to faster response, but user surveys have indicated that it is not required.
- ○ Faster response is possible with additional memory, but user surveys have indicated that it is not required.

前の例文は，additional memory を強調しているので，user surveys が，記憶について述べたという誤った意味を暗示してしまいます．この文章は，response についてのものですから，そこに強調をおかなければなりません．

明示的に強調するときは，そこを斜体にしますが，ほとんどその必要はないでしょう．不必要に斜体を使わないで，文章構造で強調するようにしてください．明示的な強調を3度以上も必要な論文はほとんどありません．大文字は，強調に使わないでください．"which are emphatically not equivalent" のように，"emphatic" という言葉を使う著者もいます．"certainly" もそのように使われます．饒舌は，強調のつもりでもむしろ弱めてしまいます．これは，よいアイデアとはいえません．

どんな長さでも斜体の文章は読みにくいものです．文全体を斜体にしないで，ほかの方法を使いましょう．1語か2語斜体にするとか，段落の初めにもってきてください．

キーワードを初めて使うときは，斜体で書く手もあります．
- ○ The data structure has two components, a *vocabulary* containing all of the distinct words and, for each word, a *hit list* of references.

定　　義

専門用語，記号，省略形，略語は，初めて出てきたときに定義または説明してください．新しい専門用語を紹介する際には，一貫した形式を使ってください．新しい単語の初出を，暗にであれ明らかにであれ強調することは，役立つものです．紹介していることを強調するからです．
- × We use homogeneous sets to represent these events.

これは，まずい文章です．読者には，"homogeneous" が，著者が定義しよう

としている新語だとはわからず，説明を求めて後戻りするかもしれないからです．

- ○ We use *homogeneous* sets to represent these events.
- ○ To represent these events we use homogeneous sets, whose members are all of the same type.

違ったいい方で，2度概念を説明するのは役立ちます．

- ○ Compaction, in contrast to compression, does not preserve information; that is, compacted data cannot be exactly restored to the original form.

ときには，定義を動機づけるために，論証（discursion）が必要です．論証には，定義がなければどうなるかを示す否定的な例でもよいでしょう．あるいは，定義が必要だと読者に納得させるのでも結構です．

言葉の選択

最近の文章の傾向は，長いまわりくどい単語より，短い直接的な単語を使う方向にあります．結果的に力強く強調する文章になります．たとえば，"initiate" より "begin"，"firstly" より "first"，"component" より "part"，"utilize" より "use" を使ってください．長い単語ではなく，短い単語を使いましょう．ただし，短いがおおまかな単語よりは，長くても正確な単語を使ってください．

具体的で親しみやすい言葉を使いましょう．抽象的な曖昧で広い意味をもつ単語は，さまざまな読者にさまざまな意味を与え，混乱を招きがちです．

- × The analysis derives information about programs.

information では何かわかりません．最適化か，ファンクションポイント分析か，バグ報告か，計算量か．

- ○ The analysis estimates the resource costs of programs.

使われすぎている抽象的な言葉には，"method" や "performance" もあります．"difficult" は，もっとよい言葉が使えるにもかかわらず，頻繁に使われています．"difficult to compute" だけでは，遅いのか，メモリーが足りないのか，倍精度が必要なのか，あるいはほかのことを意味しているのかわかりません．"efficient" も，曖昧になる言葉です．いつも正確に当てはまる言葉を使ってください．

曖昧な言葉を使う理由として，1つの文または段落に同じ言葉を2度使うのはまずい文章だと感じるからというのがあります．そこで，意味のぼやけた同義語を使うというわけです．

- ×　The database executes on a remote machine to provide better security for the system and insulation from network difficulties.
- ○　The database executes on a remote machine to provide better security for the database and insulation from network difficulties.

「同じ言葉を繰り返さない」という規則は，叙述的文章には意味があるかもしれませんが，明確な理解を必要とする技術文には通用しません．

　言語は静的なものではありません．新しい言葉が仲間入りしたり，古い言葉がすたれます．また，言葉の意味が変わります．（これは，故意に，言葉の質を落としたり，間違って使ってよいといっているのではありません．）まだ古い意味で使っている人もいますが，ほとんどの人が新しい意味で使っている言葉に，"data" があります．data は，語源学的には複数なので，"the data is stored on disk" は，文法的には誤りです．しかし，"the data are stored on disk" は正しいと思われません．単数形である "datum" の使用は現在ではまれです．data は，単複同形として使われます．他方，"automata" は単数には使われず，"automaton" を使います．

　意味を知っており，正確に使えると確信できて初めてその言葉を使ってください．言葉によっては，特定の言いまわしにだけなじみがある場合があります．"hoist by his own petard"（自縄自縛）などです．ほかの文脈では意味がわからないでしょう．"notwithstanding"（それにもかかわらず）のような言葉は，古風に感じられ，新しい文章には場違いに思えます．一般的用法とは異なる意味をもった計算機用語もあります．"bus" のような名詞がその例です．もっと微妙な場合もあります．たとえば，計算機での "iterate" はループの意味ですが，ほかの場面では，*to do again*（もう1回やる）という意味です．

　俗語は，技術作文では使えません．言葉の選択によって，作文が杜撰だと思わせるようではいけません．杜撰な省略形や短縮形を避けてください．たとえば，"can't" より "cannot" を使ってください．

　自分のアイデアや結果については，いきすぎた主張をしたり，最上級で述べないように．"our method is an ideal solution to ..." や "our results are startling" のような句は不可です．自分の仕事についての主張は，議論の余地

のないものだけにします．

修　飾　語

　修飾語を積み重ねてはいけません．"might"，"may"，"perhaps"，"possibly"，"likely"，"likelihood"，"could" は，1文に1回だけ使います．複数回使ってはいけません．修飾語の使いすぎは説得力のない臆病な文章になります．

　× It is perhaps possible that the algorithm might fail on unusual input.
　○ The algorithm might fail on unusual input.
　○ It is possible that the algorithm would fail on unusual input.

さらに，論文の結論節からとった例を示します．

　× We are planning to consider possible options for extending our results.
　○ We are considering how to extend our results.

二重否定は，限定の一形式です．一般に不確実さを表現するのに使われます．

　× Merten's algorithm is not dissimilar to ours.

このような文章は，読者にほとんど情報を与えません．

　"very" や "quite" のような修飾語は，いっさい避けてください．結果的に意味をもたないからです．もしアルゴリズムが "very fast" だとするなら，単に "fast" なアルゴリズムには，欠陥があるのでしょうか．"very" をとったら，文はもっと力強くなります．

　× There is very little advantage to the networked approach.
　○ There is little advantage to the networked approach.

同様に，"simply" は，削った方がよいことが多いのです．

　× The standard method is simply too slow.
　○ The standard method is too slow.

埋め草 (padding)

　埋め草とは，"the fact that" や "in general" のような衒学的な語句の使用を指します．これは，いらいらするという理由だけでなく削るべきです．"of course" という語句は，横柄で侮辱しているようにすら聞こえます．もちろん (of course) 読者にはおわかりでしょうが，"note that" は埋め草ではありま

せんが，定義の結論のような，読者が自分で推論できることを紹介するのにだけ使いましょう．

"case"という言葉を含む語句（"in any case"，"it is perhaps the case"）も，控えた方がよいでしょう．たとえば，"it is frequently the case that …"を使う理由はありません．"often …"でよいでしょう．

不必要な数量や数量概念は，ある種の余計な言葉です．たとえば，"a number of" は "several" に，"a large number of" は "many" に置き換えられます．

言葉の間違った使い方

表1（次ページ）には，科学論文で，間違って綴られることの多い言葉をあげています．表2（次ページ）は，形や音が似ている言葉と混乱するために，よく間違って使われる言葉です．通常の正しい形を左欄にあげ，間違った形を右欄にあげています．

綴りに関して問題になる単語は，"disk"です．"disk"と"disc"の両方の綴りとも大変よく使われるので，どちらか一方がよいということができません．しかし，どちらかに統一してください（全文置換を行なうと，diskoverのような誤りを見つけ出すのが容易ではありません）．一定した綴りをもたない言葉にはほかに，"enquire"（"inquire"），"biased"（"biassed"），"dispatch"（"despatch"）があります．"optimize" のような言葉に "-ise" を使うか "-ize" を使うかは，その国によります[15]．科学の国際性を考えるなら，どちらを使ってもいいのですが，一貫させてください．"ae"は多くの単語では今やすたれています．たとえば "encyclopaedia" は "encyclopedia" になっています．

問題のある言葉は，ほかに次のようなものがあります．

which, that, the　　多数の人がthatの意味でwhichを使っています．whichよりthatをむしろ使ってください．thatで言い換えられないときに，whichを使います．

---

[15]: ご存知かと思いますが，米語圏では "-ize"，イギリス，オーストラリア，ニュージーランドなど英語圏では "-ise" を使います．

表 1　綴りをよく間違う単語

正しい語	間違った語
adaptation	adaption
apparent	apparant
argument	arguement
consistent	consistant
definite	definate
existence	existance
foreign	foriegn
grammar	grammer
heterogeneous	heterogenous
homogeneous	homogenous
independent	independant
insoluble	insolvable
miniature	minature
occasional	occaisional
occurred	occured
participate	particepate
preceding	preceeding
primitive	primative
propagate	propogate
referred	refered
separate	seperate
supersede	supercede
transparent	transparant

表 2　使い方をよく間違える単語

本来使う単語	取り違える単語
alternative	alternate
comparable	comparative
complement	compliment
dependent	dependant
descendant	descendent
discrete	discreet
emit	omit
ensure	insure
excerpt	exert
foregoing	forgoing
further	farther
elusive	illusive
manyfold	manifold
omit	emit
partly	partially
principle	principal
simple	simplistic
solvable	soluble

- × There is one method which is acceptable.
- ○ There is one method that is acceptable.
- ○ There are three options, of which only one is tractable.

that を使わないですますことも多いようです．that の使用は文章をおおげさにしますが，使わないと文章が不明瞭になることがあります．

- × It is true the result is hard to generalize.
- ○ It is true that the result is hard to generalize.

the の方は，不必要に使われすぎます．意味が変わらないなら，削ってください．

may, might, can　多数の人が，can のつもりで，may や might を使います．個人的な好みを示すのには，may を使い，許容性を示すのには，can を使ってください．

- ○ Users can access this facility, but may not wish to do so.

less, fewer　連続数量に関しては，less ("it used less space") を，離散数量に関しては fewer ("there were fewer errors") を使ってください．

affect, effect　ある動作の結論，すなわち effect は，動作の結果へ影響を与えること，すなわち affect することです．

alternate, alternative, choice　alternate は，ほかの（形容詞），あるいはほかのもの（名詞），あるいは交替すること（動詞）を意味します．一方，alternative は，選択されるもののことです．代わり（alternative）が1つしかなければ，選択（choice）の余地はありません．alternative と choice とは，同意語ではありません．

basic, fundamental, sophisticated　basic を fundamental と間違えている書き手がいます．basic は，基盤（foundation）だけでなく基本（elementary）を意味します．基本の意味では，basic と書くだけでよいでしょう．さもないと，読者が誤解します．同様に，「洗練された」(sophisticated) は，「新しい」(new) という意味ではありません．

conflate, merge　conflate は，異なったものを似たものとみなすことを意味します．一方，merge は，違うものを合成して1つの新しいものをつくることを意味します．この2つは，同等ではありません．

continual, continuous　continual は，continuous と同等ではありません．前者は断続的に（ceaselessly）続くことを，後者は連続的に続く（unbroken）ことを意味します[16]．

conversely, similarly, likewise　後に続く文章が，前に述べたことと反対の場合にだけ，conversely を使ってください．後に続くことがすべて，前に述べたこととはっきり類似している場合にだけ，similarly や likewise を使ってください．

fast, quickly, presently, timely, currently　素早く動いているなら（runs quickly），その過程は速い（fast）でしょう．quickly は，fast を意味しますが，かならずしも近い将来に（in the near future），ということではありませ

---

[16]：この2つについて，説明を追加します．*The American Heritage Dictionary*, 3rd Edition の説明では，次のようになります．*Continual* can connote absence of interruption (*lived in continual fear*) but is chiefly restricted to what is intermittent or repeated at intervals (*the continual banging of the shutter in the wind*). *Continuous* implies lack of interruption in time, substance, or extent: *She suffered a continuous bout of illness lasting six months. The horizon is a continuous line.*

ん．それがちょうどよい時期（opportune）なら，timely でしょう．好機は迅速とは関係ありません．時間については，presently は soon を意味します．一方，currently は，at present（現在に）ということです．

optimize, minimize, maximize 独立した用語は，よく間違って使われます．そのような言葉に，optimize があります．これは最適条件（optimum）をみつける，または，最良の解決法をみつけることを意味しますが，ただ改良する（improve）という意味にもよく使われます．後者の用法が今では，非常に一般的なので optimize の意味が変わったといわれるかもしれませんが，optimize の同義語がないので，このような変化は不幸といえるでしょう．このような用語にはほかに，maximize と minimize があります．

綴りについての約束ごと

英語圏の国では，それぞれ異なる綴りの約束事があります．イギリスとアメリカでの綴りの違いが，もっとも重要です．たとえば，アメリカの "traveler" は，イギリスの "traveller" になり，一方，"fulfill" は，"fulfil" になります．イギリスでは，"-our" を "-or" と綴るのは誤りですが，たとえば，"vigour" と "vigorous" は，どちらも正しい綴りです．米語の "center" は，英語の "centre"，"program" は "programme"（computer program は除きます），"catalog" は "catalogue" です．おそらく，いちばん混乱するのが，接尾語 "-ize" や "-yze" に関してです．アメリカもイギリスも，この綴りを推薦していますが，アメリカ以外では "-ise" や "-yse" とよく綴られます．（もっとも，この問題はおおげさに考えられすぎです．たとえば，本書で使われている 6000 語かそこらの単語のうち，"-ize" 以外に 20 語ばかりがこういう特有の綴りをもっているにすぎません．）本書の原著ではイギリス風の綴りで通しました．

科学は国際的なものです．技術作文は，世界中の文章を読み慣れた読者に向けて書かれています．また，普通の人が，別の国の綴り方を使わないのは当然です．もっとも重要なことは，"-ize" のような接尾語を含めて，綴り方を一貫させることです．ただし，標準的な綴りや表現を定めたり，綴りは然るべき国の標準に従うべきであると宣言して，出版に際してはそのように修正すると断っている論文誌も多いことに注意してください．

その国の綴りの最良の基準は，普通，その国語の著名な辞書です．ただし，辞書は非技術用語の現在の綴りの記録でしかなく，綴りを規定するものでないことを覚えておいてください．辞書に綴りがあるからといって，ある分野でその綴りが適切だというわけではありません．技術用語の個々の綴りの選択は，書き手の国籍によってではなく，ほかの論文で通常どう綴られているかで決まるかもしれません．

専門用語（jargon）

"jargon"（特殊専門用語）という言葉は，あるグループや職種に限って使われる専門語彙や特殊ないい回しを指します[17]．専門用語は科学的コミュニケーションで重要な役割を果たします．"the part of the computer that executes instructions" より "CPU" という方がはるかに便利です．技術用語の一部には，専門家のコミュニケーションになくてはならず，論文が一般読者にとってわかりにくくなってもしかたがないものもあります．しかし，論文の用語を特殊専門的にすればするほど，読者の幅が狭くなります．

数学的論文では，数式記法が，一般的な専門用語です．数学記法は避けられないですが，だからといって，理解できなくてよいということではありません．

× Theorem. Let $\delta_1, ..., \delta_n, n>2$ be such that $\delta_1 \mapsto_{\Omega_1} \delta_2, ..., \delta_{n-1} \mapsto_{\Omega_{n-1}} \delta_n$. Let η', $\eta'' \in \Re$ be such that $\Omega_1| = \eta'$ and $\Omega_{n-1}|=\eta''$. Then
$$\exists (\eta', \eta_1)(\eta_1, \eta_2)\cdots(\eta_{r-1}, \eta_r)(\eta_r, \eta'') \in L$$
such that, $\forall \eta_i, 1 \leq i \leq r, \exists \Omega_j, 1 \leq j < n$, such that $\Omega_j|=\eta_i$.

専門用語としての数学については，第5章の「読みやすさ」でさらに詳しく述べます．

専門用語はわかりにくい言葉の必要はありません．実は，一般用語に専門語としての新しい意味を与えると，混乱が生じます．計算機分野でも複数の意味をもつ言葉があります．

× The transaction log is a record of changes to the database.

17：原注　Oxford 大辞典には，unintelligible or meaningless talk or writing；nonsense；gibberish；twittering という意味も載っています（訳注　『プログレッシブ英和中辞典（第3版）』小学館，1980, 1987, 1998には，たわごと，わけのわからない言葉［話，文章］；混合語．（英語と中国語が混合した pidgin English など）が第2，第3の語義として載っています）．

○ The transaction log is a history of changes to the database.

データベースはレコードから構成されるので，前の文はわかりにくいのです．"the program's function …" も同じです．このような問題は，同意語についても起こります．

× Hughes describes an array of algorithms for list processing [18].
○ Hughes describes several algorithms for list processing.

アイデアが話し合われ，新しくなじみとなった概念に簡潔なラベルを貼るために，新しい専門用語が必ず研究過程で出てくるものです．著者は，使う専門用語の意味が読者に通じるかどうか考える必要があります．

現存のアイデアやシステムの変形に名づける場合には，ジレンマがあります．既存のものと違う名前では，関連性がみえません．もし，"binary tree" を "tree" からつくったように，古い名前に接尾語をつける方式を使うと，"variable-length bitsrting multiple-descriptor floating bucket extensible hashing scheme" のような，ばかげた用語ができあがります．

新しい専門用語や術語を紹介するところでは，それを一貫して使うよう気をつけてください．現存の用語や表記を変えるには，納得のいく理由が必要です．ときには，既に使われている用語とは一致しない新しい用語が必要になりますから，変更は不可避です．しかし，用語の変化が，論文を読みにくくする可能性があることも覚えておいてください．

英語以外の言葉

英語以外の言葉を使うのに斜体にする必要があると感じるようなら，その代わりに，同じ意味の英語を使ってください．研究に，*je ne sais quoi*（フランス語で「言葉ではいい表せないこと」）を与え，*savoir-vivre*（フランス語で「行儀の良さ」）を示すからという理由で，外国語を使うことが，*de rigueur*（フランス語で「ぜひ必要な」）と感じる書き手もいます．しかし，このような本来の英語以外の言葉をちりばめた英文は理解しにくいものです．

また，英語以外の人の名前には適切な文字を使うのが礼儀でしょう．たとえ

18：array は，「配列」という専門用語ですが，ここでは「多くの」という一般的な意味に使われています．

ば，"Børstëdt" を "Borstedt" と書かないでください．

言葉の使いすぎ

言葉の繰り返しには，いらだつものです．とくに，同じ文句をまた読んだとか，その文句の反対を前に読んだと，読者が感じる場合は困ります．

- × Ada was used for this project because the underlying operating system is implemented in Ada.
- ○ Ada was used for this project because it is the language used for implementation of the underlying operating system.

同じ単語を別の意味で使ったり，ある単語とその同義語がいっしょに使われる場合，その単語は反復させないようにするべきです．

- × Values are stored in a set of accumulators, each initially set to zero.
- ○ Values are stored in a set of accumulators, each initialized to zero.

記憶に残りやすくて，使われすぎるとかんにさわる言葉もあります．たとえば，"this", "very", "also" などです．もっと印象に残りやすい言葉もあります．必要な技術用語以外の聞きなれない言葉は，1つの論文に1度か2度しか使わないようにしてください．自分の癖に気をつけましょう．決まった単語や文句を頻繁に使う癖を避けることです．"so", "hence", "note that", "thus" などが，よくある例です．

繰り返しが有用な場合もあります．"discrete quantities and continuous quantities" という句では，初めの "quantities" を省いてもかまいませんが，このような省略は，非常に曖昧で，結果的にわかりにくい文章になります．たとえば，"from two to four hundred" の意味は何でしょうか．この種の表現に関連する間違いとしては，"long lists and long arrays" の，2番目の "long" という形容詞を削って，句を短くする失敗をよく見受けます．技術的概念は常に同じ表現で述べるべきです．しかし，同意語の羅列はいただけません．

言葉の冗長さと過剰

文章を書くときは，最小限の言葉を使い，最短の長さにしてください．次ページの表3には，よく見受ける余計で冗長な表現と，それに対する適切な表現

表3　冗長で余分な表現の例

よくない表現	よい表現
adding together	adding
after the end of	after
in the region of	approximately
cancel out	cancel
conflated together	conflated
cooperate together	cooperate
currently ... today	currently ...
divided up	divided
give a description of	describe
during the course of	during
totally eliminated	eliminated
of fast speed	fast
first of all	first
for the purpose of	for
in view of the fact	given
joined up	joined
of large size	large
semantic meaning	meaning
merged together	merged
the vast majority of	most
it is frequently the case that	often
completely optimized	optimized
separate into partitions	partition
at a fast rate	quickly
completely random	random
reason why	reason
a number of	several
cost in size	size
such as ... etc.	such as ...
completely unique	unique
in the majority of cases	usually
whether or not	whether
the fact that	—
it can be seen that	—
it is a fact that	—

をあげます．この表で全部を網羅しているわけではありません．ほんの1例です．"unique"に対する"completely unique"などは，典型的な例ですが，ほかにも何百という例があげられます．

時　　制

　科学技術作文のほとんどの文は過去形か現在形です．現在形は永遠不滅の真実を書くのに使われます．したがって，"the algorithm has complexity $O(n)$" とは書いても "the algorithm had complexity $O(n)$" とは書きません．現在形はまた，文そのものについての説明にも使います．そこで，"related issues will be discussed below" と書くよりは "related issues are discussed below" と書く方がよいのです．
　過去形は，実験や研究結果を述べるのに使われます．したがって，"the ideas were tested by experiment" と書き，"the ideas are tested by experiment" とは書きません．ときには，過去形と現在形をいっしょに使うのが正しいということになります．

- ○　Although the algorithm has worst-case complexity $O(n^2)$, in our experiments the worst case observed was $O(n \log n)$.

参考文献についての議論では，過去形でも現在形でもかまいません．現在形の方が好ましいのですが，文脈によっては過去形を用いる必要が生じます．

- ○　Willert shows that the space is open [14].
- ○　Haast postulated that the space is bounded [7], but Willert has since shown that it is open [14].

結論部を別にすれば，未来形は科学作文ではめったに使われません．

複　　数　　形

　ある種のものごとについて述べるとき，複数形を使いすぎると混乱を招きます．最小冗長コードに関する論文でみつけた次の例を考えましょう．

- ×　Packets that contain an error are automatically corrected.
- ×　Packets that contain errors are automatically corrected.

最初の例は，ある特別な間違いを含むパケットだけが訂正されるという意味になります．2番目の例は，複数の間違いを含むパケットだけが訂正される意味になります．どちらの説明も誤りです．特別な理由のない限り，複数を単数に変えてください．

○ A packet that contains an error is automatically corrected.

特別な複数形の使用は減ってきているのが現状です．語源となる言語（多くはラテン語）の複数形に基づく複数形が正しいと，かつて考えられていた単語についても，今ではほとんどの場合に"-s"か"-es"による複数形が認められています．したがって，"schemata"は"schemas"になり，"indices"は"indexes"，"formulae"は"formulas"でかまいません．（ただし，"radii"はまだ"radiuses"ではなく，"matrices"も"matrixes"ではありません．）とくに，複数形が単数形を置き換えた"data"の例や，"children"のような古い英語の形では，特別な複数形が残ります．

省略形

"no.", "i.e.", "e.g.", "c.f.", "w.r.t."のような省略形を使いたい気持ちにかられることもあるでしょう．これらの略語でページを少し節約できますが，読者，とくに英語を母国語としない人たちの，読むペースが遅くなります．こういう省略形を，"number", "that is", "for example", "compared with"（"c.f."を使う文脈を考えると，より正確には"in contrast to"）および"with respect to"に戻した方が，好ましいでしょう．これらの省略形を使うところでは，句読点は，元の形が使われているかのように使います．"Fig."や"Alg."のような略語を元に戻すことも考えてください．"1st"や"2nd"のような混合形は使わないでください．月の名前は省略しません．省略形や頭字語はすべて，初めて使うときに説明してください．

"etc."を使うのは避けてください．この第1段落の原稿は，次のようになっていました．

× It is often tempting to use the abbreviations "i.e.", "e.g.", "c.f.", "w.r.t.", etc.

現在の形（It is often tempting to use abbreviations such as "no.", "i.e.", "e.g.", "c.f.", and "w.r.t."）の方がわかりやすいでしょう．決して"etc., etc."とか"etc. ..."と書かないように．

省略符（...）は，文章が省略されたことを示す有用な記号です．引用符で囲まれた個所でのみ使ってください．

斜線（slash, virgule, solidus）は，"save time and/or space"とか"used for list/tree processing"のように，省略のために使われます．斜線の使用は，

その意図した意味が，(普通の英語の意味での either but not both という) or なのか，(計算機の通常の意味での either or both という) or なのか，あるいは and か also なのか，はっきりしないので混乱を引き起こします．明確にするには，斜線を使わないことです．

頭字語 (頭文字の略語)

合成語の多い技術文書では，頭字語を使うことも役に立ちますが，省略形の場合と同様，読者を混乱させることがあります．"pneumonoultramicroscopicsilicovolcanoconiosis"（鉱夫の黒肺病，珪性肺塵症）のような，略語にでも置き換えなければ覚えられないような名前は，DNA がそうであるように頭字語そのものが名前になります．"central processing unit"（中央処理装置，CPU）のように頻繁に使われる日常的な単語の列は，普通は頭字語の方が便利です．"dynamic multiprocessing operating system"（動的多重プロセスシステム）についての論文では，まったく初めから，DMOS として紹介するのがいちばんよいでしょう．しかし，頭字語を使いすぎると，その意味の定義を探すために論文を探しまわらねばなりません．頻繁に使われないなら，頭字語をつくらないでください．

略語は終止符（ピリオド）でとめますが，頭字語では終止符をうちません．ですから，"CPU" が正しく，"C.P.U." は間違いです．頭字語の複数形には，アポストロフィはいりません．"CPU's" ではなく，"CPUs" と書いてください．

性差別用語

不必要に性別を表現すると，多くの場合性差別主義者とみなされます．技術作文では，性差別用語は簡単に避けられます．
   × A user may be disconnected when he makes a mistake.
   ○ A user may be disconnected when they make a mistake.
このような単数の代名詞としての "they" の使用はかまいませんが，耳障りです．文章を書き直す方がよいでしょう．
   ○ A user who makes a mistake may be disconnected.

"s/he" のような格好の悪い組み合わせは使わないでください．また，性差への言及がまったく不可避でない限り，"she" を使って逆差別をすることもやめてください．性に関して，"he" や "his" の使用を侮辱的だとみなして，そのような使い方をする論文を嫌う人もいることを覚えておいてください．

第4章

句　読　点

> 好みや常識は，どんな規則よりも重要です．文法学者を喜ばすためではなく，読者にいいたいことをわかってもらうために，ピリオドをうつのです．
> 　　　　アーネスト・グローワズ『完全に平凡な言葉』

　句読点は基本的な技術です．本書の読者は，空白（スペース），コンマ，終止符（ピリオド），大文字などの働きを熟知していることでしょう．この章では，句読点の文体上の問題と，科学論文でよくみる句読点の間違いについて論じます．

フォントとフォーマット

　ワープロがきれいな活字を提供するからという理由だけで，そういう変わった活字を使う必要はありません．コンピュータや数学に関する作文は，3つ（標準，斜体，太文字）または，（プログラムテキスト用の固定幅のフォントを加えた）4つのフォントだけを使います．これより多くの字体を使うと混乱します．活字の種類を使いすぎると，文面がごちゃごちゃします．強調に斜体より太字を使う人もいますが，太字が多いとみにくくなります．強調に下線を使う方式は，タイプライターという機械の限界から，以前は一般的でしたが，今では使われません．

　どんな種類の視覚的な混乱も，はっきりとした必要性がない限りは，避けるべきです．強調も視覚的混乱の1種です．重要な点のまわりを4角で囲むとか，結果の脇にアイコンを置くようなグラフィックもその例です．もう1つは句読点によるものです．すなわち，括弧，引用符，斜体，大文字の使いすぎです．

　字下げは，レイアウトには重要な道具で，新しい段落を始めるのに使いま

す．字下げの代わりに1行空ける人もいますが，これは賢明ではありません．たとえば，ページの切れ目で段落が終わったのかどうかがわからなくなります．文献によっては，新しい話題の始まりを示すのに，行空けが使われますが，これは科学分野では採用されていません．科学作文では，話題の変化を見出しで示します．

　字下げはまた，引用，プログラム，数式のような文章の流れの本質とはならない題材を示すのに使われます．字下げを使うと，ページを走査するのがやさしくなり，役に立ちます．

　査読してもらう論文では，余白を広く取り，文字は適当な大きさを使い，行を詰めないようにします．査読者が赤インクを入れるスペースを用意しておきます．左端だけでなく右端もそろえると，小綺麗にみえます（これは，必ずしも読みやすいとは限りません）．ページがバラバラになっても，論文が再構成できるように，たとえば著者の姓や論文の表題を欄外見出しに使いましょう．ページにはもちろん番号をふります．表紙に著者の情報を載せるよう要求する論文誌もあります．多くの論文誌では，「著者のための情報」として，論文の形式についての詳しいガイドラインを載せています．

終 止 符

　終止符（句点，ピリオド）は文をとめます．終止符しか句読点を使わない書き手もいます．文章は短くすべきですが，コンマやほかの句読点を用いると文に変化を与えます．ほかの句読点がないと文が電報のように殺風景になります．そのような文は読みにくいものです．

　終止符は略語，頭字語，省略符号にも使われます．このような終止符を含む単語が，文の最後にきたときには，終止符は省かれます．略語を使うべきでない理由に，終止符の問題があります．

- × The process required less than a second (except when the machine was heavily loaded, the network was saturated, etc.).
- ○ The process required less than a second (unless, for example, the machine was heavily loaded or the network was saturated).

見出しの終わりには，普通，終止符をおきません．

- × 3. Neural Nets for Image Classification.

○ 3. Neural Nets for Image Classification

コンマ

　コンマの本来の使い方は，休止を記し，正確に文を解析できるようにし，並びを構成し，さらに，句が限定詞ではなく，括弧に入った注釈（すなわちコメント）であることを示します．そこで，"the four processes that use the network are almost never idle" は，「プロセスの中で，ネットワークを使う4つは，ほとんどアイドルになることがない」を意味し，一方 "the four processes, which use the network, are almost never idle" は，「4つのプロセスがネットワークを使い，ほとんどアイドルになることがない」という意味になります．注釈的なコンマの不正な用法（とくに最初のコンマを落とす）は，よくある間違いです．

　× The process may be waiting for a signal, or even if processing input, may be delayed by network interrupts.
　○ The process may be waiting for a signal, or, even if processing input, may be delayed by network interrupts.

曖昧さを避けるためには，コンマの使用を必要最小限にしてください．コンマの多い文章は，構文が絞殺されそうになっています．コンマが必要と思えたら，文を短文に切るか，全体を書き直すことを考えてください．ただし，コンマを省きすぎてはいけません．コンマ最小原則の1つの例外は，曖昧さや，ぎごちない句を避ける場合です．

　× Using disk tree algorithms were found to be particularly poor.
　○ Using disk, tree algorithms were found to be particularly poor.

もう1つ例をあげます．

　× One node was allocated for each state, but of the nine seven were not used.
　○ One node was allocated for each state, but, of the nine, seven were not used.
　○ Nine nodes were allocated, one for each state, but seven were not used.

コンマ最小原則のもう1つの例外は，語や句の列挙です．簡単な例は，"the structures were arrays, trees, and hash tables" です．著者や編集者のなかには，列挙の最後のコンマを省略したがる人が多いのですが，これは，明確さを増すことはまずなく，しばしば意味を損なうので要注意です．

　コンマは読者に一息入れさせるのにも使われます．

- × As illustrated by the techniques listed at the end of the section there are recent advances in parallel algorithms and multiprocessor hardware that indicate the possibility of optimal use of shared disk arrays by indexing algorithms such as those of interest here.
- ○ As illustrated by the techniques listed at the end of the section, recent advances in parallel algorithms and multiprocessor hardware may allow optimal use of shared disk arrays by some algorithms, including indexing algorithms such as those of interest here.

この文をさらに改善するには，短文に区切ることです．

コロンとセミコロン

コロンは関連した文をつなぐのに使われます．

- ○ These small additional structures allow a large saving : costs are reduced from $O(n)$ to $O(\log n)$.

コロンは並びにも使われます．

- ○ There are three phases : accumulation of distinct symbols, construction of the tree, and the compression itself.

並びの各要素をセミコロンで分けると，コンマやほかの句読点を各要素のなかで使うことができます．

- ○ There are three phases : accumulation of distinct symbols in a hash table ; construction of the tree, using a temporary array to hold the symbols for sorting ; and the compression itself.

セミコロンは長い文章を分割するか，文章の一部を強調のために目立たせるのにも使われます．

- ○ In theory the algorithm would be more efficient with an array ; but in practice a tree is preferable.

コロンとセミコロンは有用ですが，使いすぎない方がよいでしょう．

アポストロフィ

アポストロフィ（'）について悩む人は多いようです．プロの書き手でもときどき間違います．しかし，規則はきわめて単純です．

・"the student's algorithm"，"Gower's book"，"Su and Ling's method"

のような単数の所有格は，アポストロフィとsを必要とします．
- "students' password" のような複数の所有格はアポストロフィだけで，sは必要ありません．
- "its speed" の "its" や "hers" のような代名詞所有格には，アポストロフィはいりません．
- "it is blue" に対する "it's" や "can't" のような短縮形は，アポストロフィが必要です．しかし，技術作文では短縮形を避けた方がよいことを覚えておいてください．

上に述べた場合以外に，アポストロフィは必要ではありません．

感嘆符

感嘆符（！）は避けてください！　絶対使わないでください！！
　感嘆符の適切な位置は（"Oh！" のような技術作文では一般的ではない）感嘆詞の後か，まれに，本当の驚嘆の後です．
　○　Performance deteriorated after addition of resources！
これはかまいませんが，とくに望ましいものではありません．感嘆符を省略し，ほかの方法で強調してください．
　○　Remarkably, performance deteriorated after addition of resources.

ハイフン

　"database" のような合成語の多くは，もともと "data base" のように2つの単語で書かれてきました．合成が一般的になると，ハイフンでつながった "data-base" になり，そして，最後にハイフンが抜け落ち，最終形になります．変遷の途中状態にある言葉もあります．データベースの文献では，たとえば，"bit slice"，"bit-slice"，"bitslice" の3つの形態すべてが，シグネチャーファイルに関して使われます．一般的な文献では，"co-ordinate" と "coordinate" のどちらもが使われます．どちらかを一貫して使うように気をつけてください．
　ハイフンは，右結合性を打ち消すのにも使われます．われわれは，"randomized data structure" を randomized data-structure と理解します．そこ

で，この話題は，ランダムなデータのための構造ではないとわかります．
"skew-data hashing" のような右結合でない句では，曖昧さをなくすためにハイフンが必要です．（この場合には，"hashing for skew data" と書く方がよいでしょう．）[19] ときには適切なハイフンづけができなくて，文を書き直す必要があります．"hash based data structure" は "hash-based data structure" と書き直すべきですが，"binary tree based data structure" は，ぎごちなくはあっても，"data structure based on binary trees" と書くべきです．

性能のよいワープロは，言葉が行の最後からはみ出るとき，行末揃えのために，ハイフンで言葉を切ります．この自動ハイフン処理は，必ずしも正しいとは限らず，音節がとぎれていないか，切れ目が，単語の最後に近すぎないか確かめる必要があります．たとえば，"mac-hine" と "avai-lable" は，"mach-ine" [20] と "avail-able" に訂正すべきです．"edited" は，ハイフンで切ってはいけません．

3種類のダッシュがあることを覚えておいてください．ハイフン "-" は言葉をつなぐために使います．ほかに，代数で使われるマイナス符号や，"pages 101-127" のような範囲を示すエヌダッシュ，句読点のために使われるエムダッシュ "——" があります．

大 文 字

大文字は，かつては今より，はるかに自由に使われていました．18世紀には，名詞を表記するのに大文字（つまり，頭文字が大文字）が使われていました．今日では，固有名詞だけが大文字ですが，これらでさえ，もし一般的に使われている名前なら，小文字を使います．たとえば，"the Extensible Hashing method" では大文字を小文字に変えるべきです．

とくにプログラミング言語では，一貫して大文字ではない名前もあります．"APL" のような発音できない頭字語は，いつもこのように書くべきですが，ほかの場合には，まわりの著者たちに準ずることです．たとえば，"FORTRAN" や "Prolog" を考えてください．どちらも切り取られた言葉か

19：原注 "Squad helps dog bite victim" という見出しにはハイフンが抜けています．
20：辞書（この例では，『プログレッシブ英和中辞典（第3版）』）では，ma-chine と切ります．

らの略語です．しかし，これらは固有名詞で，頭文字を常に大文字にするべきです．"lisp" や "pascal" は正しくありません．

技術作文では，"Theorem 3.1"，"Figure 4"，"Section 11" のように名前を大文字で書くのが普通です．ほかの文章では小文字が好まれますが，技術作文では小文字が読者にだらしなくうつります．

見出しは最小限か最大限に大文字にします．最小限にする場合は，コロンの後の言葉を大文字にすることを除いては，普通の文章と同じようにします．

○ The use of jump statements : Advice for Prolog programmers

最大限に大文字化する場合は，冠詞，接続詞，前置詞以外の単語を，大文字にします．これらも，3字以上なら，大文字にしてもかまいません．

○ The Use of Jump Statements: Advice for Prolog Programmers

図表の説明や参照の題名も同じようにします．

大文字化の処理は一貫させるようにします．節には最大限の大文字化を，小節には最小限の大文字化を使うのは適当ですが，これを反対にしてはいけません．

引　用

引用での句読点の約束は，原典になくても，引用符の中にコンマと終止符をおくことでした．しかし，アメリカ以外では，この約束は通用しなくなってきています．本書で終始そうしているように，完全な文を引用するときのように，元の文に句読点があるときだけ，引用符内に句読点をおく方がよいでしょう．

○ Crosley [14] argues that "open sets are of insufficient power", but Davies [22] disagrees : "If a concept is interesting, open sets can express it."

(もっとも，"open sets are of insufficient power" のような締まりのない文を引用する必要はありません．言い換えるか，単に引用記号を省略する方が適切です．この場合引用符を省いてもかまいません．つまり，盗用ではありません．Croseley の文が概念を表す自然な方法だからです．)

引用符内の内容が，文字どおりにとるべき記号列なら，句読点は外に出さなければなりません．プログラミング言語では，句読点記号も，ほとんどがそれ独自の意味をもつので，プログラミングに関する文を引用する場合には，もし

句読点を間違ったところに打つと，構文論的に間違いになります．
- × One of the reserved words in C is "for."
- ○ One of the reserved words in C is "for".

これを悪い形に変える編集者もいます．問題を次のようなフォントを使って避けることもできます．
- ○ One of the reserved words in C is for.

引用符，「"」と「"」，は ASCII 符号の二重引用符記号，「"」，と同じではありません．

括　　弧

括弧に入った文を含む文は，括弧の文がないかのように句読点をうちます．括弧内の表現の句読点は文のほかの部分とは独立です．
- × Most quantities are small (but there are exceptions.)
- ○ Most quantities are small (but there are exceptions).
- × (Note that outlying points have been omitted).
- ○ (Note that outlying points have been omitted.)

括弧内の言葉は，読者が無視してよい余分なことです．重要な文章は括弧に入れないことです．同じ規則は脚注にも適用されます．ある文章を脚注に移すべきだと思うなら，それは削ってしまってもよいでしょう．

括弧の使いすぎは，ごちゃごちゃします．1つの段落に，2つ以上の括弧，1ページに数個以上の括弧を使うことは避けてください．括弧内の括弧は読みにくく，編集ミスのようにみえます．これはやめてください．

"any observed error(s)" のような複数の可能性を記すための "(s)" は，醜くほとんど必要ありません．括弧をなくすか，文章を書き直す方がよいでしょう．

参照 (citations)

参照句は，まるで括弧内の言葉であるかのように句読点をうってください．
- × In [2] such cases are shown to be rare.
- × In (Wilson 1984) such cases are shown to be rare.

右肩の小さい数字で参照番号を印刷する雑誌もありますが，その場合，上の例

は次のようになります "In² such cases are shown to be rare". 角括弧でくくった表現を，この参照であろうとなかろうと，単語であるかのように扱わないことです．

○ Such cases have been shown to be rare [2].
○ Such cases have been shown to be rare (Wilson 1984).
○ Wilson [2] has shown that such cases are rare.
○ Wilson has shown that such cases are rare [2].
○ Wilson (1984) has shown that such cases are rare.

参照句は関連内容の近くにおいてください．おかしなところに置くと，曖昧になります．

× The original algorithm has asymptotic complexity $O(n^2)$ but low memory usage, so it is not entirely superseded by Ahlberg's approach, which although of complexity $O(n \log n)$ requires a large in-memory array [7, 19].

Ahlberg は配列を問題として認識せず，元の方式については述べていないので，この文章では，誤解を招きます．

○ The original algorithm has asymptotic complexity $O(n^2)$ but low memory usage [19], so it is not entirely superseded by Ahlberg's approach [7], which although of complexity $O(n \log n)$ requires a large in-memory array.

もっとも，参照箇所は使われている参照方式にもよります．たとえば，右肩に数字を書く書式では，文末に参照をおくのが普通です．

参照と引用文献の形式については Mary-Claire van Leunen の *Handbook for Scholars* [4] や *The Chicago Manual of Style* [1] に，詳しく述べられています．

第5章

数　　学

> 数学は記号体系以外の何ものでもない．しかし，それは，人間の心によって発明された唯一の記号体系であり，その意味を変え，汚そうと絶えずなされる試みに，断固として抵抗する……どんな科学においても，われわれの自信は，おおざっぱにいって，その科学が使う数学の量——すなわち，数学的に処理されるのに十分な正確さをもつ概念を公式化する，その科学の能力に比例している．
> J・ブロノフスキー，ブルース・マズリッシュ
> 『西欧の知的伝統』

数学は，抽象概念を堅実なものにします．英語一般に関しては，数式と数学的概念の表現に約束事があります．数式を読むことは，最良のときでも骨の折れる仕事ですが，数式表現がひどければ，不愉快です．本章では，数式の書き方の一般的指針を示します．ほかの案内書としては，Leonard Gillman の *Writing Mathematics Well* [14] や Nicholas J. Higham の *Handbook of the Mathematical Sciences* [15] があります．

明　確　性

数学では，正確であることがもっとも重要です．たとえば，定理が曖昧な表現では，その証明は理解しがたいものになります．この規則は，第1章の「初稿」の項目で述べたように，基本的な定義にも適用されます．多くの用語は，正しく定義された数学的意味をもち，もし，ほかの意味で使われると混乱を引き起こします．

normal, usual　"normal" という言葉は，数学的にはいくつかの意味をもっています．数学的な意味で使うのでなければ，"usual" を用いるのが最良です．

definite, strict, proper, all, some　数学的意味で使うのでなければ，"definite"，"strict"，"proper" は避けます．"all" と "some" についてはとくに気

をつけてください．

intractable　　正式には，アルゴリズムや問題が "intractable" であるとは，NP困難，つまり，計算量が多項式より大きいことです．"intractable" は，するのが困難だという意味にもときどき使われます．混乱しなければかまいません．

formula, equation　　"formula" は "equation" でなくてもかまいません．後者は等式を含みます．

equivalent, similar　　ある基準に照らして，違いがないなら，2つは "equivalent" です．違いがあるなら，せいぜい "similar" です．

element, partition　　"element" は，集合（またはデータ配列かリスト）の要素です．表現の一部について使うべきではありません．集合が部分集合に分割される（"partitioned"）なら，部分集合は，たがいに素で，集合和演算により元の集合になります．

average, mean　　"average" は，おおざっぱに典型的という意味で使われます．正式の意味のつもりだということが読者にとって明らかなら，正式な意味，すなわち数学上の意味だけに使うようにしてください．そうでなければ，"mean" か "arithmetic mean" を使ってください．

subset, strict　　"subset" を部分問題の意味で使ってはいけません．英語で規定された順序（または半順序）は等しい場合を含むもの（nonstrict）と仮定されます．たとえば，"A is a subset of B" は $A \subseteq B$ を意味します．$A \subset B$ を規定するには "A is a strict subset of B" を使います．同様の規則が，"less than"，"greater than" および "monotonic" に適用されます．

定　　理

　多くの読者は，定理（または図や表のようなほかの結果）をみつけ出そうと論文にざっと目を通します．このために，また，ほかの論文に一言一句引用されるかもしれないので，定理は，できる限り地の文章から独立させてください．

　定義，定理，補助定理（レンマ），命題は，たとえ，論文にそれぞれ2つか3つしかなくても，番号をうってください．また，例にも番号をうつとよいでしょう．番号づけは論文中の参照だけでなく，後になっての議論をも簡略化し

ます．"the definition towards the bottom of page 6" より，"definition 4.2" の方が読み手にはずっとわかりやすいのです．

　表現の問題は困難な場合もあります．複雑な証明を要する定理については，補助定理を初めの方で証明すると関係なさそうにみえますし，後で証明すると，主な定理の理解が困難になります．1つの解決法としては，主定理を最初に述べ，それから，主な証明を述べる前に，補助定理を述べて証明します．しかし，ほかの場合にできることは，動機については特別に注意し，例を上手に使うことです．詳しく述べる前に，長い証明の構造を説明し，証明の各部分が，その構造にどのように関連するかを説明します．

　定理の証明を含む論文を発表するときは，常に，証明が正確だという条件を満たしてください．証明の細かい部分は，読者には重要でないかもしれませんし，読まれないこともあるかもしれません．定理証明の論理手続きは，あまり多くの発明を詰め込むのではなく，読者が機械的に間隙を埋められるぐらいの単純なものにしてください．よくある間違いは，不必要に，機械的な代数変換を挿入することです．証明を点検するにはこれらを調べなければならないのですが，読者には価値があるようには思えないでしょう．証明を記述するとき，つまり，読者にとって理解できるようにするには，推理が通る議論を述べるべきだということを覚えておいてください．できる限り明確に議論を伝えるためには，有効と思える手段は何でも使ってください．たとえば，図式は非常にわかりやすいものです．

　帰謬法による証明は，使われすぎです．細かい部分を正しく示すのに役立つなら，問題をさらに理解してもらうために，矛盾を使ってください．しかし，矛盾による間接的方法ではなく，直接的に結果にたどり着くにはどうするかを探ることは，常に有益です．

　それぞれの証明，例，または定義の最後をボックス（■）のような記号で示す方式は，読者を助けます．この代わりに，証明などを，地の文章と切り離されるように，行頭を引っ込める方法もあります．

読みやすさ

　地の文章と区別するため，数式は，斜体で書かれます．したがって，"of length n" という表現の n が，変数だとすぐわかります．logやsinのような

関数の名前は例外で、直立フォントを使います。"[ ]"（角括弧, bracket）, "( )"（丸括弧, parenthesis）と, "{ }"（波括弧, brace）は、すべて部分式の区切りに使われます。波括弧は、集合にも使います。括弧のサイズは適当なものを使ってください。中の式より少し大きめの括弧を使います。

- × $(p \cdot (\sum_{i=0}^{n} A_i))$
- ○ $\left(p \cdot \left(\sum_{i=0}^{n} A_i\right)\right)$

文中に数式を用いるときは、1つの句として使います。数式は普通の句と違い、その後に続く文章の構成を示しませんから、文頭には使わないでください。

- × $p \leftarrow q_1 \wedge \cdots \wedge q_n$ is a conditional dependency.
- ○ The dependency $p \leftarrow q_1 \wedge \cdots \wedge q_n$ is conditional.

変数が何を指すかという型は、使うたびに示すようにして、読者が細かいことを覚えなくてもすみ、内容に集中できるようにします。変数や型の位置を間違えないように注意します。

- × The values are represented as a list of numbers L.
- ○ The values are represented as a list L of numbers.

記号 L がリストを指すのか、その要素の数を指すのかわからないので、最初の文は曖昧です。

文中の数式を並べてはいけません。

- × For each x_i, $1 \leq i \leq n$, x_i is positive.
- ○ Each x_i, where $1 \leq i \leq n$, is positive.

数式は文章の代わりにはなりません。複雑な数式の列を判読しなければならないと、読者はとまどってしまいます。

- × Let $\langle S \rangle = \{\sum_{i=1}^{n} \alpha_i x_i | \alpha_i \in F, 1 \leq i \leq n\}$. For $x = \sum_{i=1}^{n} \alpha_i x_i$ and $y = \sum_{i=1}^{n} \beta_i x_i$, so that $x, y \in \langle S \rangle$, we have $\alpha x + \beta y = \alpha (\sum_{i=1}^{n} \alpha_i x_i) + \beta (\sum_{i=1}^{n} \beta_i x_i) = \sum_{i=1}^{n} (\alpha \alpha_i + \beta \beta_i) x_i \in \langle S \rangle$.

数式は明確ですが、動機の説明がなく、記号の山に疲れてしまいます。

- ○ Let $\langle S \rangle$ be a vector space defined by
  $$\langle S \rangle = \{\sum_{i=1}^{n} \alpha_i x_i | \alpha_i \in F, 1 \leq i \leq n\}$$
  We now show that $\langle S \rangle$ is closed under addition. Consider any two vectors $x, y \in \langle S \rangle$. Then $x = \sum_{i=1}^{n} \alpha_i x_i$ and $y = \sum_{i=1}^{n} \beta_i x_i$. For any constants $\alpha, \beta \in F$, we have
  $$\alpha x + \beta y = \alpha \left(\sum_{i=1}^{n} \alpha_i x_i\right) + \beta \left(\sum_{i=1}^{n} \beta_i x_i\right)$$
  $$= \sum_{i=1}^{n} (\alpha \alpha_i + \beta \beta_i)$$
  so that $\alpha x + \beta y \in \langle S \rangle$.

等式の位置が縦方向に揃えてあることに注意してください．

　重要だったり複雑だったりする数式は，独立に扱います．その場合，数式は中央に寄せるか，行頭を下げます．どちらかの方式を選んで，一貫させます．式の一部がアルゴリズムまたはプログラムの場合，中央寄せはやめます．独立に表示する数式は（グラフや図式も），論文にさっと目を通す読者がまどわないように，反例ではなく肯定的な結果に限ります．数式が重要なら，番号をうち，論文内での参照や，発表後も参照できるようにします．上の例のように，文中に埋め込まれた場合同様，数式は句として扱います．

　できるなら，数式もほかの文字と同じ大きさにそろえます．たとえば，$(n(n+1)+1)/2$ の方が文字数では多くなりますが，$\dfrac{n(n+1)+1}{2}$ より読みやすくなります．ただし，$a/b+c$ のような曖昧になりかねない式は避けるように気をつけてください．とくに，記号が小さくなりすぎるようなら，読みやすくするために，式を分割することを考えましょう．

× 　$f(x) = e^{2-\frac{b}{a}x\sqrt{1-\frac{a^2}{x^2}}}$

○ 　$f(x) = e^{2g(x)}$ 　　　where $g(x) = -\dfrac{b}{a}x\sqrt{1-\dfrac{a^2}{x^2}}$

不必要な添え字は避けます．x_1 や x_2 よりも x と y を使いましょう．また，添え字を重ねるのはやめましょう．x_i の i はわかりますし，x_{ji} は，かろうじて受け入れられますが，x_{k_j} は避けるべきです．上つき添え字と下つき添え字の両方を使うのは要注意です．$x_j^{p_u}$ はダメです．文字の選択にも気をつけてください．小さいと，i, j, l は区別しにくいのです．また，集合や集合記号を使って，数式やアルゴリズムの表現を単純にできます．たとえば，$\sum_{w \in W} f_w$ の方が $\sum_{i=1}^{k} f_{w_i}$ より読みやすくなります．

表 記 法

　使う記号は，正確に理解してもらえるか，なじみがあるか確かめてください．たとえば，論理的な含意記号には，⇒，↦，⊢，⊃，⎤，⊨ など複数の記号があります．しかも，これらの記号は，ほかの意味もありますので，混乱を生ずる可能性があります．記号 ～，≃，≈ はどれも，およそ等しいという意味に使われますが，記号 ～ は，ほかの意味でも使われます．記号 ≅ は合同を示し，およそ等しいという意味はもちません．

∀, ∃, <, >, =, ⇒ のような記号や "iff" のような省略形を，英語の代わりに使わないでください．簡潔ですが，読者の理解に無理があります．一方，不必要に言葉に置き換えないでください．たとえば，"a is less than or equal to b" よりは，"$a \leq b$" と書いてください．でっち上げや興味本位の記号は，よいとはいえません．たとえば，演算子として，♣や♮は使わないでください．

記号の再利用はいけません．1つの量を表すのに6ページで N を使い，13ページでは，同じ N をほかの量を表すのに使っては読者がとまどいます．同じ意味の表現には，一貫した表記法を使ってください．たとえば，整数の添え字には i, j を使い，集合には大文字を使うというような約束を守ってください．特別な理由がない限りは，現在の表記法を変えないでください．

アクセント記号にも気をつけましょう．$\hat{a}, \tilde{a}, \bar{a}$ と $\vec{a}$ をいっしょに使わないでください．また，′(prime) 符号を積み重ねないようにします．a'' はまだわかりますが，D_{ij}^{kl} はどうでしょうか．a'''' を表すのに a'^4 のように，べき数をつける著者もいますが，これは，はっきりしません．このような場合は，記号を書き直して，プライムを除いてください．

範囲と列

実数 r の閉域 $a \leq r \leq b$ は，"[a, b]"，開域 $a < r < b$ は，"(a, b)" $a \leq r < b$ は，"[a, b)"，$a < r \leq b$ は "(a, b]" で表されます．

整数の列を表すには，省略 (...) を用いるのが普通です．$m, ..., n$ は，m と n を含むすべての整数を表します．無限列はふつう，$m_1, m_2, ...$ のように表され，読者が，初項から任意の項を推定できるものと仮定します．そこで，"2, 4, 8, ..." は，2 のべき数の列だと仮定されます．数列が有限なら，列の誤解がないように，常に初項と終項の両方を記述してください．

$1 \leq i \leq 6$ のような式では，i が整数だということがはっきりしなければ，$i = 1, ..., 6$ に置き換えるべきです．

字　　母

　変数や数量を表すためにギリシア文字を使うことは，英語の単語にならず，地の文と紛れないので，数学の論文を明確にします．しかし，使いすぎはいけません．

　多くの読者は，少数のギリシア文字にしか親しんでいません．新しい表記法の使用は最小限にするという原則からだけでも，親しみのない文字の使用は最小限にしてください．文字の名前を知ってさえいれば，その文字がある数量を表すことを覚えるのはやさしいものです．文字の名前を知らないと，でっち上げてしまうものですが，これは一般的には，本当の名前ほど効果的ではありません．たとえば，"sets are denoted by α" という文を読むと，「集合はアルファで表す」と理解しますが，"sets are denoted by ϱ [21]" という文を読めば，「集合はgの反対にちょっと似てみえる走り書きのような文字で表されている」と理解します．このようなことになる文字には，ほかに，ギリシア文字 ζ（ゼータ），ξ，Ξ（クシー）と，$\aleph$, $\Re$, $\Im$ のような記号があります．

　数学記号や文字には，なじみのある記号にちょっとみると似ているものもあります．とくに不完全に写すと，間違えかねない，組をいくつかあげておきます．

記号		間違える文字	
ϵ	イプシロン	e	
η	エータ	n	
ι	イオタ	i	
μ	ミュー	u	
ρ	ロー	p	
υ	ユプシロン	v	
ω	オメガ	w	
$\vee$	論理和	v	
$\propto$	比例	α	アルファ
$\emptyset$	空集合	ϕ	ファイ

　提出論文に手書きの記号を使ってはいけません．使いたい記号が印刷できないときは，記号を変更してください．

　21：この文字は，ギリシア文字ロー「ρ」の変形文字だそうです．

改　　行

行頭に数，記号，省略形がこないように，とくに文の終わりの方で注意してください．

- × We have therefore used an additional variable, denoted by x. It allows ...
- ○ We have therefore used an additional variable, denoted by x. It allows ...
- × Accesses to the new disk can be performed in about 12 ms using our techniques.
- ○ Accesses to the new disk can be performed in about 12 ms using our techniques.

ほとんどのワープロは，このようなことを避けるために，改行禁止の空白を用意しています．しかし，ワープロによっては，数式をぎごちないところで改行します．

- × The problem can be simplified by using the term $f(x_1, ..., x_n)$ as a descriptor.

これを解決するには，前後の文章を書き換えるしかないこともあります．

- ○ The problem is simplified if the term $f(x_1, ..., x_n)$ is used as a descriptor.

数

技術作文では，数は普通，数字で書き，英語では綴りません．この例外は次のような数です．概数，20までの数（ただし，値そのものであったり，測定値でないこと），および，文頭の数．文頭の数は，一般的には，ほかの場所におくように書き直すべきです．パーセントは常に数字で書きます．

- × 1024 computers were linked into the ring.
- × Partial compilation gave a 4-fold improvement.
- × The increase was over five per cent.
- × The method requires 2 passes.
- ○ There were 1024 computers linked into the ring.
- ○ Partial compilation gave a four-fold improvement.
- ○ The increase was over 5 per cent.
- ○ The increase was over 5%.

- ○　Method 2 is illustrated in Figure 1.
- ○　The leftmost 2 in the sequence was changed to a 1.
- ○　The method requires two passes.

数字と綴りを混ぜてはいけません．

- ×　There were between four and 32 processors in each machine.
- ○　There were between 4 and 32 processors in each machine.

英語圏では，"1,897,600" のように，長い桁数の数を3つごとに区切る伝統的方法に，コンマを使います．この方法には2つの欠点があります．数がコンマで分けて並べられているなら曖昧になります．また，国によっては[22]，小数点がコンマで表されますから，"1,375" などは，そういう小数表記と誤解される危険があります．この代わりに "1 897 600" のように狭い空白を使うこともあります．ただし，多くの国ではまだコンマで分ける形式が一般的です．

　　分数は値としてはめったに使われませんが，文章中では，省略形を使ってはいけません．

- ×　About 1/3 of the data was noise.
- ○　About one-third of the data was noise.

一般的に数学記号に関しては，数は文頭には使いません．また，数を並べてはいけません．

- ×　There were 14 512-Kb sets.
- ○　There were fourteen 512-Kb sets.

1以下の数の頭の0を省略してはいけません．"the size was .3 Kb" ではなく，"the size was 0.3 Kb" と書きます．

　　"orders of magnitude" という句は使わないようにしてください．

- ×　The new algorithm is at least two orders of magnitude faster.

この例では，大きさの単位は二進法なのか，十進法なのかどちらでしょうか．明示的に次のように書いた方がよいでしょう．

- ○　The new algorithm is at least a hundred times faster.

同じ単位の数は，矛盾がないように，同じ精度で表すべきです．物理学実験では，数を相対精度で，つまり，同じ桁数で表すのが普通です．計算機科学では，普通，値を同じ絶対精度で測定しますが，同じ単位で数を表す方がもっと論理的でしょう．

22：ヨーロッパの諸国がこの方式です．3桁の区切りには，小数点（終止符）を使います．

×　The sizes were 7.31 Kb and 181 Kb respectively.
　　○　The sizes were 7.3 Kb and 181.4 Kb respectively.

出版論文で，同じ数が，箇所によって，"almost 200,000"，"about 170,000"，"173,000"，"173,255" というように，不必要に一貫性を欠いて参照されているのをみかけました．

　精度と誤差については現実をみすえてください．システムは，プロセスが 13.271844 CPU 秒かかったと報告しますが，最後の 4, 5 桁は意味がありません．よぶんな数を使うことで，あたかもそれだけの精度があるかのごとくみせてはなりません．たとえば，"0.5 second" は "half a second" と同じではありません．前者は正確な測定を意味するからです．推測と近似値とは，"roughly"，"nearly"，"approximately"，"almost"，"over" のような言葉を使ってはっきり区別しましょう．"in the region of" のような句は使わないこと．

百　分　率

　百分率はよく注意して使ってください．
　　×　The error rate grew by 4%.
この例は，誤差率そのものがパーセントで表されているはずなので，誤差全体の増加をいっているのか，誤差率そのものの増加をいっているのか曖昧です．明示するとともに，複数の百分率を示すことを避けた方がよいでしょう．
　　×　The error rate grew by 4%, from 52% to 54%.
　　○　The error rate grew by 2%, from 52% to 54%.[23]
百分率では，何が何の百分率なのか読者にわかることを確認してください．たとえば，"the capacity decreased by 30%" は，今の容量の 30% なのか，以前の容量の 30% なのかどちらでしょうか．開始時点を 100% にするのが普通ですが，百分率を続けざまに使っていると，すぐわからなくなってしまいます．確率を表すのには，比よりも百分率を使ってください．
　　×　The likelihood of failure is 2 : 1.
　　○　The likelihood of failure is one in three.
　　○　The likelihood of failure is about 30%.

---

[23]：この両者の違いがわかりますか．52%＋4%＝56% だから前者が間違っていると誤解してはいけません．前者は，52% の 4%（2.08%）増加したという表現なのです．百分率の対象が何かということが問題です．対象を複数個もち込むと，この例のように理解しにくい表現になるのです．

少数の観察結果を述べるのに，確率を使わないこと．5回のうち2回の成功から，その方法が "works 40% of the time" と書いてはなりません．百分率は，不相応な精度を与えてしまうのです．

測定単位

計算機科学では，一般的に空間と時間という2つの数量を測定します．時間の基本単位は秒（sec），分（min），時間（hr）です．これらを省略形で表すのはまれだということに注意してください．秒より小さい単位は millisecond (ms, msec), microsecond (μs, μsec), nanosecond (ns, nsec) などです．表記については，たとえば "ms" を microsecond と解釈する不確かな読者もいるかもしれません．このような単位は，少なくとも一度は，省略せずに記述しておくことです．

時間と分については，区切りに終止符よりコロンを使ってください．つまり，"3.30 minutes" より "3:30 minutes" と書いてください．

空間の基本単位は bit と byte です．10の3乗というよりも，2の10乗単位でまとめられます．

単位	値（バイト）	表記
kilobyte	$2^{10} \approx 10^{3}$	Kb, Kbyte
megabyte	$2^{20} \approx 10^{6}$	Mb, Mbyte
gigabyte	$2^{30} \approx 10^{9}$	Gb, Gbyte
terabyte	$2^{40} \approx 10^{12}$	Tb, Tbyte
petabyte	$2^{50} \approx 10^{15}$	Pb, Pbyte
exabyte	$2^{60} \approx 10^{18}$	Eb, Ebyte

たとえば，"Mb" をメガビットと解釈する読者がいそうなら，"Mbyte" や "megabyte" を使ってください．もっと大きな単位，とくに "Tb", "Pb", "Eb" はおおかたの読者にはなじみがありません．少なくとも一度は省略しないで書き，説明を添えるほうが好ましいでしょう．

"18 Mb/sec" のような転送率を除いては，複合単位は，計算機関係ではほとんど出てきません．分数ビットを扱う代数符号化の論文で "millibits" に出会ったときは驚きました．普通，使わない単位よりは，"thousandths of a bit" の方がよいでしょう．

理解しやすい単位を選んでください．たとえば，端数のある分単位よりは秒

単位の方が紛らわしくないでしょう．"1.50 minutes"は1分と1/2分を意味するのか，1分と50秒を意味するのかわかりません．（以前述べたように，終止符でなくコロンを使うことで分：秒の意味に限定できます．）また，クロック速度や転送率のような値は，秒で示されるのが普通ですから，分を使うと比較できません．他方，"47.8×10^3 seconds"よりは"13：21 hours"の方が親切でしょう．

　一般的に使われるが，厳密に定義されていない単位もあります．たとえば，MIPS (machine instruction per second) は，異なる構造の計算機を比較できないので，ほとんど意味がありません．

　1より大きい量の単位は複数です．1以下だと単数です．

○　The average run took 1.3 seconds, and the fastest took 0.8 second.

単位は，数式に含まれるときでも，地の文に使うフォントにします．

×　The volume is $r^p\,Kb$ in total.
○　The volume is r^p Kb in total.

値と単位の間には空白を空けてください．"11.2　Kbytes"と書き，"11.2 Kbytes"とは書きません．形容詞として使うとき，数と単位とをハイフンでつなぎます．

○　We also tried the method on the 2.7-Kb input.

第6章

グラフ，図，表

> 「絵もおしゃべりもない本なんて何の役に立つの？」
> ルイス・キャロル『不思議の国のアリス』

傾向や関係を示す情報は，グラフや図のような形で，もっともよく表されます．また，規則性を示すのに，表で表すのがいちばんよい情報もあります．本章では，こうした図表に関する書き方を考えます．グラフの構成と選択については Edward R. Tufte の *The Visual Display of Quantitative Information* [20] がすぐれた教科書です．

図表 (illustration)

うまく選ばれた図表は論文を生き生きとさせます．みておもしろい視覚要素を与え，中心的な結果と考えを際立たせるからです．典型的な例は，グラフや図式のような視覚素材，あるいは，表やアルゴリズムのように文が主体の素材です．たまには，複雑な数式も使われます．図表は，通常，ページのいちばん上か下，または，それだけをページに載せ，地の文章と切り離します．図は読者の注意を引きつけるので，中心主題のためにだけ使うようにしてください．

図表には参照しやすいように番号をつけ，できる限り地の文から独立するように，説明（caption）をつけます．図表は，常に，同じページまたはその直前のページで紹介し論じてください．図表について述べることがなければ，その図表自身を省くべきです．

図表には版権があります．ほかの情報源からの図表は，著者と出版社の許可がある場合にのみ利用できます．図表を再利用するなら，その許可を得て，著者と情報源を図表の表題や説明中に示します．原典の版権も含めた方がよいで

しょう．

グラフ（graph）

　通常は，グラフが数値結果を表す最良の方法です．数値は控え目に使い，その代わり適切なところでは，グラフを使ってください．議論しているグラフの振舞いが明らかなように，主文中で数値とグラフの要約をしてください．元の数値も示さねばならないなら，付録に結果の詳細な表を載せます．多くの場合，数値は一時的に重要なだけで，省略してかまいません．

　グラフであっても，統計であふれる愚は避けてください．3つか4つのグラフで十分で，10は多すぎます．パラメータを変えることにより，ソフトウェアで大量の数値をつくり出すのはあまりにも簡単です．これらの数値が，観察している現象の分析や理解に貢献したとしても，読者にとっても価値があるとは限りません．情報は，仮説を支持する証明であるから選ばれるのであって，プログラムの出力だからといって選んではなりません．

　グラフは簡潔にして，プロットした線は2, 3本を限度とし，ばらつきは最小限にします．水平つまりx軸は，入力側の変数に使います．垂直つまりy軸は，変数の関数すなわち出力に使います．離散データの点をつなぐだけの線は，本章末尾のグラフ例にあるように，円，四角，三角などの印をつけておきます．チェック印（✓）や十字印はみにくいので，使わないでください．線や軸，そのほかの要素は，同じ太さにします．たとえば，大き目の太文字を，薄く引いた線といっしょに使ってはいけません．軸目盛りのような2次的な記号は，ほかの要素よりちょっと薄くします．要素を区別するために，シェードをかけたり濃さを変えたりするなら，それが十分判別できるかどうか確認してください．また，薄めの線は，ほかの線より太くする必要があります．

　出力結果については，想像力が必要かもしれません．対数軸は，桁を超えた大きさの動きを示すのに役立ちます．通常の軸から対数軸へ変換した例を図表の例2（88ページ）に示します．漸近成長率が，傾きの異なる直線になるので，アルゴリズムの実行時間に対して問題のサイズをプロットするときにも，対数軸が役立ちます．もっと複雑な関係の場合でも，データに変換を施すことによって，直線やほかの単純な曲線を得ることができます．

　本質的に表にしかならないと思えたデータが，グラフにできる場合もありま

す．比較項目に順序がないので，棒グラフが適当なこともあります．（このようなデータの点をつないではいけません．それは，何らかの関数があって，関連づけられることを意味してしまいます．）空間と時間とを同時に比較するというもっと複雑な問題の例に関して，表データをどうグラフに表すかという例を図表の例 4（90 ページ）の図に載せます．

　グラフは，あるパラメータがほかのパラメータの変化につれてどう変わるかを示すのに使います．2 つのパラメータ A と B が，第 3 パラメータ C に依存する場合，図表の例 1（87 ページ）のように，C を x 軸におき，A と B の 2 つの y 軸をおくのがよい解決策です．D と E 2 つのパラメータが，何らかの方法で第 3 パラメータ F を決めているなら，つまり 3 次元空間を記述するなら，問題はもっとむずかしくなります．いちばんよい解決法は，E のいくつかの値について，D に対する F のグラフをつくり，代表的なグラフを与える D を選ぶことです．同様に，いくつかの D の値について，E に対する F のグラフをつくって，D の代表値を選びます．

　同じ目標を達成する複数の方法を説明する場合，たとえば，ある目的用に，複数のデータ構造の適性を比較する場合，方法ごとに 1 つのグラフを使うなら，各軸は目盛りを同じにしてください．もし，y 軸があるグラフ上で，0～80 の範囲なら，ほかのグラフでも 0～80 までにして，方法間で直接比較できるようにしてください．1 つのグラフ上に数本の線を引く（本数が多すぎてはいけません）方が比較しやすいでしょう．

　根拠のない主張に，グラフを使わないよう気をつけてください．たとえば，図表の例 1（87 ページ）の "space wastage" というグラフを考えましょう．このグラフは傾きも導けないし，曲線を当てはめることもできません．唯一の可能な推論は，リスト長が増大すると，無駄が増えるということだけです．

　グラフをかくのによいソフトウェアパッケージもいくつかあり，重宝な機能には次のようなものがあります．1 つのグラフに複数の線を同時に書くこと．点の印用の（×，四角，三角のような）記号を取り揃えること．点を結ぶのに，実線，点線，破線などの線種を選び，点の印をつけたり省いたりすること．フォントサイズと線の太さの選択．濃度や色の選択．対数または指数軸の採用．目盛り表示や表示桁数，および表示範囲などの軸編集．凡例，線のラベル，軸のラベル，グラフのラベルを移動したり，回転する能力，(x, y) 値に単純関数を適用する能力などです．これらの機能のほとんどは，本章末尾のグ

ラフ例で使いました．

図式 (diagram)

図式（または概念図，schematic）は，計算機関連論文で，多くの用途に使います．プロセスやアーキテクチャの図示，データ構造やアルゴリズムの説明，関係の提示，インターフェースの例示などです．ある意味で，図式が論文の結論となる計算機科学分野もあります．たとえば，実体関係モデルは，明確に定義された表記に合致した図式ですし，オートマトンも図式記述が多いものです．多くの研究分野では，図式の約定や標準が開発され，定められています．その分野の関連論文にいくつか目を通せば，通常，どんな要素があり，どう表記するのかがわかります．

おおざっぱにいえば，図式は構造，プロセス，状態のいずれかを示すのに使われます．これは，かなり高水準の区別ですが，図式設計でよくある間違いは，これらを下手にむすびつけようとすることなので，区別が大事です．たとえば，アーキテクチャのデータフローを示す図式が，制御フローをも説明しようとして不明瞭になってしまうのです．

図式をえがく準備段階としては，手書きのスケッチを使ってください．この初期段階で釣り合いがとれているかチェックします．縦が横の半分というのがよいバランスです．空間をうまく使ってください．一方に要素が片寄らないよう配置します．要素の相対サイズを妥当なものにしてください．しかし，専門家によるもの以外は，手書きの図式をえがいた論文は提出しないことです．どんな図式でも基本的なコンピュータで利用できるツールを使ってうまく書けるはずです．

図式はすっきりさせます．できるだけ空間を空けてください．あらゆるよけいなことを削ることです．図式では，考えのすべての細部を忠実に示す必要はありません．細部は，図式の説明文で明確にできます．最良の図式でも説明がいります．意味のある名前をつけ，水平に並べ，ほかと同じサイズ，同じフォントにしてください．文章一般にいえることですが，2つか3つより多くのサイズや種類のフォントを使ってはいけません．

線は濃すぎないように．せいぜい，文字フォントの線より少し濃いくらいです．面を区別するのには色の濃さが使われますが，線の区別には効果がありま

せん．薄すぎたり，似たような色の濃さは使わないこと．絵画的要素は一貫して使ってください．たとえば，同種の矢印や線種には同じ意味をもたせます．矢印を特徴指示だけでなく，グラフの弧としても使うなら，たとえば，破線と実線とを使って区別してください．

　グラフ同様，図式は論文を明確にします．しかし，よい図式設計は芸術なので，文章と同様，何度も手直しがいることに注意してください．まずい図式を第11章の図7（156ページ）に，その手直しを図8（157ページ）に示します．ほかの図式も例7, 8（おのおの93, 94ページ），第7章の図（100ページ）に示します．

表

　一連のデータ集合のそれぞれの特性や正確な値が重要なデータなどは，グラフや図で表すのに向かない情報なので，表が役立ちます．図表の例5（91ページ）は内容はよいのですが，最初の表では表示に問題があります．

　うまく設計された表は，階層的です．簡潔な表は，行と列とからなり，縦の列のいちばん上の欄に見出しがあり，横の行の左端にラベル（stubともいう）があります．複雑な表では，行と列とがそれぞれ分割されます．階層を示すにはいくつかの方法があります．行や列を，2重線，単線，空白で区切る．見出しを複数の列にまたがってつける．ラベルを数段の行にまたがってつけるなどです．より複雑な構造は，見出しを埋め込んだ表の組み指定で示されます．（複雑な表を図表の例6（92ページ）に示します．）列の中の項目は，すべて同じ種類か，同じことについてのものにしてください．行の中の項目はすべて，同じラベルの特性です．ラベルの列には，見出しは必ずしもいりません．ただし，いちばん上の左の隅に，見出しのラベルをもってきてはいけません．ラベル対する見出しがなければ，空白にしておきます．

　縦横にあまり多く線を引かないでください．すべての行と列とに線を引く必要はありません．（例5（91ページ）に，この誤り例を示します．）しかし，同じグループに属さない項目を分けるための目安として，複数行をまとめたグループの間や，まれには，複数列からなるグループの間には，線を引いてください．あまり込み合った表はつくらないように．列が多すぎるようなら，2つの表に分けます．もっとよいのは，情報を絞り込むことです．表では空白をつ

くらないようにします．適当な値がなければ，横線を引いて，その意味を説明してください．列では，同じ単位の数量を論理的にそろえます．数値は小数点でそろえます．

　複数の点での関数値を示すのには，グラフの方がより適しているので，表を使うことは普通は避けます．例外は，関数が2，3個の値しかもたないときです．この場合はグラフが単調すぎるかまばらすぎるかでおもしろくないからです．単純な関係を説明するだけの表やグラフについては，文章で関係を記述し，図表を省きましょう．

- × As illustrated in Table 6, temporary space requirements were 60% to 65% of the data size.
- ○ In our experiments, temporary space requirements were 60% to 65% of the data size.

小さな表は本文の一部として，数式と同じように扱います．大きめの表には表題をつけ，ページのいちばん上か下に置きます．

　表の理解は容易ではありません．結果を述べるには，グラフか説明文の方が適当です．興味をもつ読者が参照できる表を載せるのはよいのですが，本質的な情報を伝えるために，表に頼ってはいけません．

座標軸，ラベル，見出し

　座標軸，ラベル，見出しについては，空間的制約から項目によって省略の必要があります．（たとえば，第11章の図9（158ページ）の表参照．）　説明文では，省略した項目について述べるとよいのですが，自然に述べるよう注意しましょう．

- × The abbreviations "comp.", "doc.", and "map." stand for "compression", "document", and "mapping table" respectively.
- ○ The effect of compression on the documents and the mapping table is illustrated in the second and third rows.

適当なら，ラベルで単位を示します．"Size" とだけ書くのではなく，"Size (bytes)" と書いてください．

　座標軸やラベルの目盛りで混乱する読者もいます．たとえば，"CPU time (seconds$\times 10^{-2}$)" と座標軸に書いてあるとします．読者が座標の値に 10^{-2} をかけるので，50 は 0.5 を意味すると約束したつもりです．しかし，座標値が

反対に 10^{-2} 倍してあるのだと思ってしまう読者がいるかもしれません．この読者は 50 を 5000 と読み取ります．この種の問題を避けるには，図表を説明する文章で典型的な値を述べておくことです．グラフの場合は，本文中に代表的な数値を載せると，助けになります．グラフを正確に読み取るのも，むずかしいからです．

○ Figure 4 shows how time and space trade off as node size is varied ; as can be seen, response of under a second is only possible when size exceeds 11 Kb.

図表説明（caption）とラベル

図表の説明とラベルは有益です．計算機科学では，説明は数語でよいということになっていますが，私は，図表の主な要素を説明した，もう少し長めの説明が好きです．（図式とその説明については図表の例 7（93 ページ）で例を論じます．）大文字化は最小限か最大限かどちらかにしてください．ただし，説明が表題的というよりも記述的なら，大文字化は最小限の方がよいでしょう．

図表は，それだけで独立なので，重要な詳細について述べるのは，説明の役割です．たとえば，グラフがさまざまなデータに対するアルゴリズムの実行時間を示すとしましょう．説明でパラメータ値を含めます．略語や，見出しに使う記号も説明に含めてよいでしょう．

図表の例

ここまで述べた原則を説明するために，以下に図表の例を載せます．

例1：1つのグラフにえがかれた2つの関数　座標軸には，曲線に対応したラベルをつける必要があることに注意．そうしないと，どちらの線が左右どちらの座標軸に対応するのか，見きわめがむずかしい．

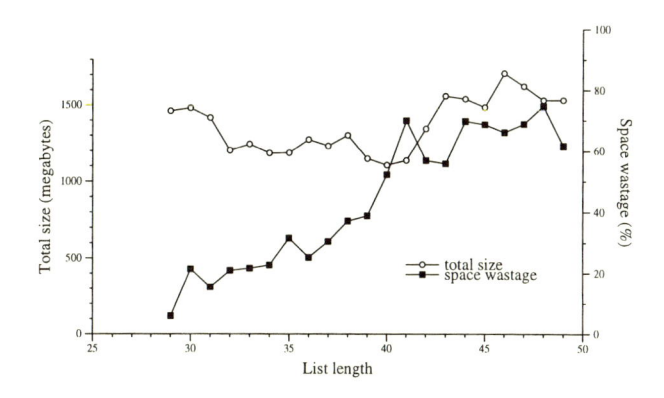

FIGURE 2. *Size and space wastage as a function of average list length.*

例 2：座標軸の目盛りの選択　　同じデータを示す次の 2 つのグラフのうち，下のグラフでは，x 軸に対数目盛りを使うことで，小さな値での動きをみせます．

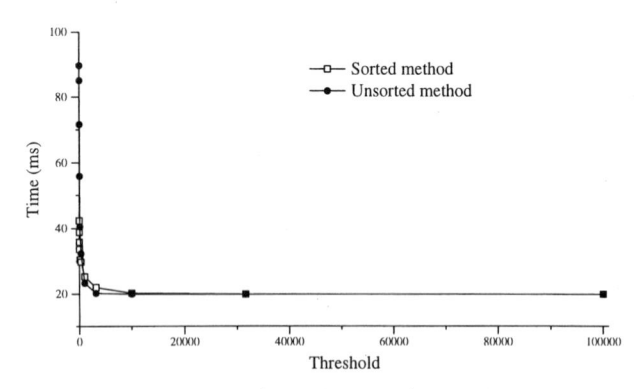

FIGURE 6. *Evaluation time (in milliseconds) for bulk insertion methods as threshold is varied.*

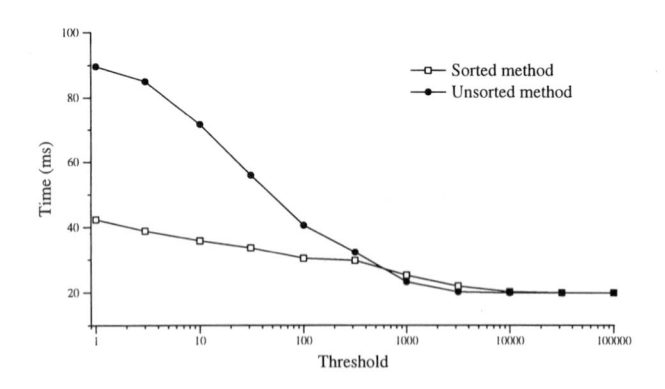

FIGURE 6. *Evaluation time (in milliseconds) for bulk insertion methods as threshold is varied.*

例3：表をグラフで置き換える　2つの方法を7つの実験について比較しています．

Data set	Method A	B
1	11.5	11.6
2	27.9	17.1
3	9.7	8.2
4	24.0	13.5
5	49.4	60.1
6	21.1	35.4
7	1.0	5.5

TABLE 2. *Processing time (milliseconds) for methods A and B applied to data sets 1–7.*

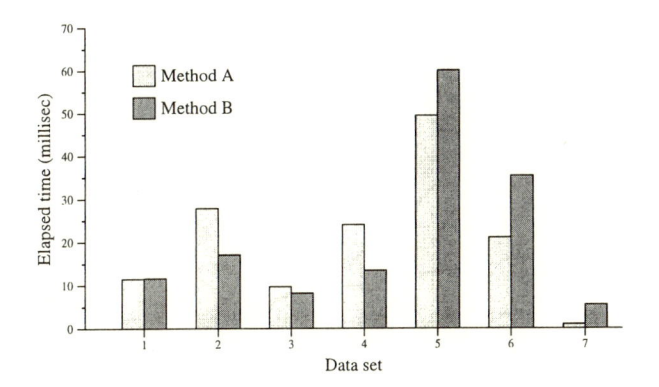

FIGURE 2. *Processing time (milliseconds) for methods A and B applied to data sets 1–7.*

例4：グラフによって置き換えた表（別の例） いろいろな方法を空間と時間に関して比較します．

Method	Space (%)	Time (ms)
A	1.0	7 564.5
B	31.7	895.6
C	44.7	458.4
D	97.8	71.8
E	158.1	18.9
F	173.7	1.4
G	300.0	0.9

TABLE 8.4. *Tradeoff of space against time for methods A to G.*

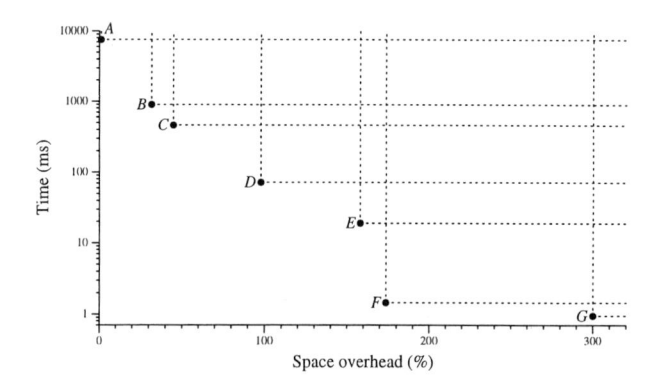

FIGURE 8.4. *Tradeoff of space against time for methods A to G. The boxed area to the right and above each point is of unacceptable performance: any method in that area will be less efficient with respect to both space and time than the point at the box's corner.*

例5：表の2つの型式　次の2つのうち上の表は，よくありません．表に階層がないからです．すべての要素が同じレベルなので，大文字を使って，見出しと内容を区別せねばなりませんでした．ファイルサイズの単位が行によって違います．（文字は1バイトと仮定．）単位は最下段にだけつけられていて，精度も行ごとにばらばらです．最左列の見出し（STATISTICS）は不必要です．線も多すぎます．

下の表では，垂直な線はありません．同種の行を隣り合わせたので，比較が容易です．単位の違う値は，小数点をそろえる必要もなければ，精度を揃えなくてもよいことに注意してください．

STATISTICS	SMALL	LARGE
Characters	18,621	1,231,109
Words	2,060	173,145
After stopping	1,200	98,234
Index size	1.31 Kb	109.0 Kb

TABLE 6. *Statistics of text collections used in experiments.*

	Collection	
	Small	Large
File size (Kb)	18.2	1 202.3
Index size (Kb)	1.3	109.0
Number of words	2 060	173 145
After stopping	1 200	98 234

TABLE 6. *Statistics of text collections used in experiments.*

例 6：多階層の表　　この表は，パラメータとデータの 2 列です．データは，さらに 2 列に分かれます．各データには，数値が 2 列並びます．行は大きく分けて 4 種類，見出しと n, k, p の各パラメータです．それぞれが，さらに複数行からなります．この複雑な表も縦線がいらないことに注意．

この表は，分割されている利点もありますが，データをすべて表示しているので有用です．グラフを使うには，各パラメータのデータ点が少なすぎます．

Parameter	Data set			
	SINGLE		MULTIPLE	
	CPU (msec)	Effective (%)	CPU (msec)	Effective (%)
n ($k = 10$, $p = 100$)				
2	57.5	55.5	174.2	22.2
3	21.5	50.4	79.4	19.9
4	16.9	47.5	66.1	16.3
k ($n = 2$, $p = 100$)				
10	57.5	51.3	171.4	21.7
100	60.0	56.1	163.1	21.3
1000	111.3	55.9	228.8	21.4
p ($n = 2$, $k = 10$)				
100	3.3	5.5	6.1	1.2
1000	13.8	12.6	19.8	2.1
10 000	84.5	56.0	126.4	6.3
100 000	—	—	290.7	21.9

TABLE 2.1. *Effect on performance (processing time and effectiveness) of varying each of the three parameters in turn, for both data sets. Default parameter values are shown in parentheses. Note that p = 100 000 is not meaningful for the data set* SINGLE.

例 7：図表説明の様式　　次の 2 つの図のうちでは，下の図の説明文の方がよいでしょう．論文中の記述に頼らなくてすむからです．

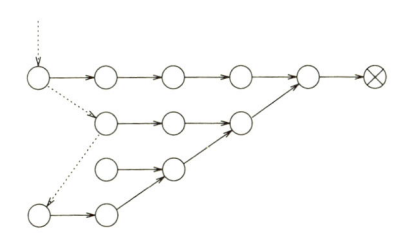

FIGURE 5. *Fan data structure.*

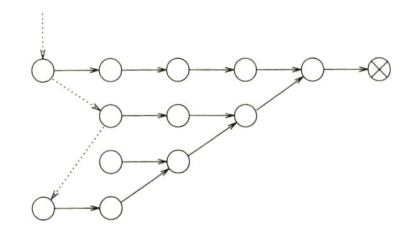

FIGURE 5. *Fan data structure, of lists with a common tail. The crossed node is a sentinel. Solid lines are within-list pointers. Dotted lines are inter-list pointers.*

例8：図式に影をつけたり点線を使う　次の2つの構造図では，影や点線を一貫して使うことによって，異なる種類のことがらを区別します．

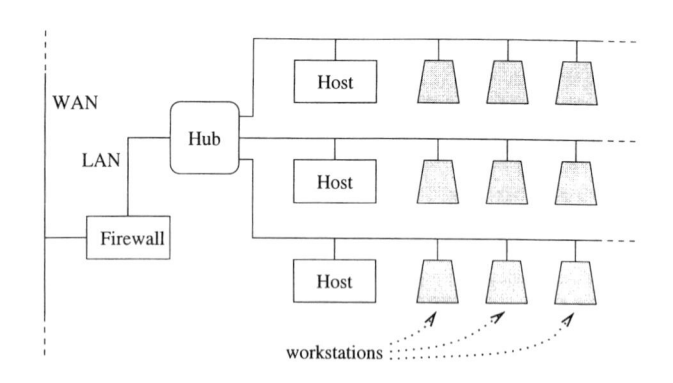

FIGURE C. *Revised network, incorporating firewall and hub with hosts and workstations on separate cables.*

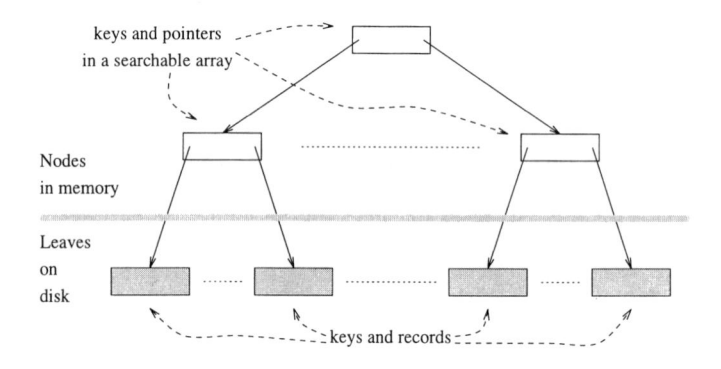

FIGURE 1.3. *Tree data structure, showing internal nodes in memory and external leaves on disk; omitted nodes are indicated by dotted lines. Nodes allow fast search and contain only keys and pointers. Leaves use compact storage and contain the records.*

第 7 章

アルゴリズム

> ほとんどわけがわからない言葉……
> エリック・パトリッジ『使用と乱用』計算の定義

アルゴリズムの提示

　アルゴリズムを計算機科学の論文に発表するときには，アルゴリズムの詳細そのもの，たとえば，プログラムのステップなどは，価値がありません．アルゴリズムの貢献度を示さねばなりません．正しいこと（適切な入力に対し，適切な結果を伴って終わる．）の証明，実験，またはその両方を用いて，性能が要求範囲にあることを示します．

　アルゴリズムを述べる理由は複数あります．1つは，結果を計算する新しい，よりよい（better）方法の提供です．よさとは，普通，計算量解析で，アルゴリズムが，より少ない手段で計算できることを意味します．時間と記憶の望ましいトレードオフを意味することもあります．平均時では変わらないが，最悪時が改良された場合もあれば，漸近的にはすべての場合で改良されたが，定数因子が大きすぎて実用的には改良になっていない場合もあります．どれも妥当な結果ですが，肝心なことは，改良した範囲を明確に記述することです．"better" だけでは，あまりに曖昧です．

　実験による検証は，しばしば，アルゴリズムの提示における重要な部分となります．実験は，ある種のデータに対して，アルゴリズムが正しく終了し，予測どおりの性能を達成したという具体的な証拠を提供します．実験の詳細については第8章で論じます．

　読者がアルゴリズムの記述に期待するのは次のようなことです．

- アルゴリズムのステップ
- アルゴリズムの入出力と内部データ構造
- アルゴリズムの適用範囲と制限
- 前条件，後条件，ループ不変項などの正当性を示すための特性
- 正当性の証明
- 空間および時間要件に対する計算量分析
- 理論結果を確認する実験

しかしながら，アルゴリズムの実験は漸近的な分析結果を支持はしても，分析自体を置き換えることはできないということに注意してください．

アルゴリズムを記述するほかの理由としては，複雑なプロセスの説明があります．たとえば，分散アーキテクチャについての論文では，あるプロセッサから別のプロセッサへのパケット通信に使われるステップの記述を含むかもしれません．これらのステップは確かにアルゴリズムを構成し，読者は計算量解析までは期待しないかもしれませんが，著者としては，このステップによって確かに，パケット伝達が行われたことを示す議論を展開せねばなりません．ほかの例には，パーサーのようなアルゴリズムがあります．すなわち，分野や聴衆によって基準が異なるので，ある計算量解析を扱わねばならないという一律な要件はありません．だからといって，本来必要な場合に，著者が計算量解析を省略してしまってよいといういいわけにはなりません．

アルゴリズム記述のもう1つ別の理由は，コスト自体はともかく，計算そのものが妥当なものであることを示すこと，あるいは問題が可解であることの証明です．この場合も基準が場合によって異なります．正当性のきっちりした形式論理証明が肝心な場合や，漸近分析が相対的に興味を引かない場合があります．

まとめると，アルゴリズムの提示においては，正当性と性能との形式的な記述と実験検証を示すのが普通です．証明のない場合には，ない理由が明らかでないと困ります．

形式 (formalism)

アルゴリズムの記述は，通常，アルゴリズムそのものと，それが必要とする環境とからなります．アルゴリズムの提示にはいくつかの形式があります．1

つは，並び (list) 形式で，アルゴリズムを一連の番号もしくは名前のついた
ステップに分解します．ループは，"go to step X" という文を含むいくつかの
ステップで表します．この形式には，アルゴリズムを提示した形そのままで議
論できるという利点があります．ステップを記述する文章の量に制限はありま
せん．ただし，1つのステップは単一の活動でなければなりません．したがっ
て，各ステップに明確な記述を与え，その性質について記すことができます．
しかし，この形式では，制御構造が不明瞭で，記述の中にアルゴリズムそのも
のが埋もれてしまう危険があります．

もう1つよく使われる形式に，擬コード (pseudocode) があります．これ
は，アルゴリズムを仮想的なブロック形式の言語で記述し，各行に番号を振る
ものです．擬コードの例をみてください．擬コードには，アルゴリズムの構造
が一目瞭然という利点があります．しかし，各文は，この形式を守るために簡
潔に記述しなければならず，詳細な注釈を付け加えることは容易ではありませ
ん．さらに，次に論じるように，プログラミング言語の要素や記法を使ってし
まうのは，普通は，誤りです．この擬コードによるアルゴリズムの提示には経
験が要ります．擬コードから命令型プログラミング言語への翻訳は簡単です
が，プログラム自体の理解は不必要にむずかしいものとなります．

よりよい形式に，文コード (prosecode) とでも呼ぶべきものがあります．
これは，各ステップに番号をふり，ループは 5, 6 ステップ以上に分解せず，
ステップの中には下位の番号をふり，説明文を含めるものです．例を文コード
の例に含めます．この例では，入出力は，前置きで説明され，文と説明とはア
ルゴリズム自体の中に適当に含められます．形式は自由ですが，アルゴリズム
の記述は直接的で明確です．代入記号の "←" は，"＝" などと較べると曖昧さ
がないのでよいでしょう．入れ子になった文に対する，入れ子のラベルづけに
注意してください．しかしながら，文コード形式の提示は，アルゴリズムの元
の概念がこの提示の前に，前もって論じられている場合にのみ，有効です．

もう1つの効果的なアルゴリズム記述方式に，文芸的コード[24] とでも呼ぶべ
きものがあります．これは，アルゴリズムの詳細を，元になる考えや漸近的分
析や正当性証明などについての議論を織り交ぜながら，段階的に記述します．

---

[24]：原文では，記述がないが，この形式は，D.E. Knuth が唱えた文芸的 (literate) プログラミング
に則ったものである．文芸的プログラミングに関しては，アスキー出版局から同名の本が，1994 年 3
月に有澤　誠訳で出版されている．

文芸的コードの例をみてください（108ページ）．（この例は不完全です．記述する価値のあるたいていのアルゴリズムは，かなりの説明が必要なので1，2ページでは収まりません．）

フローチャートはアルゴリズム記述に使うべきではありません．モジュラー性の欠如，goto文の使用，説明文のための場所の不足，複雑な条件を記述する場所の不足，複雑なアルゴリズムを明確に表現できない，などの多くの理由からです．

表記法（notation）

アルゴリズム提示のためのプログラム表記には，数学的な表記がよいでしょう．プログラムでは，"x[i]"と書きますが，技術論文では，"x_i"と書く方がよいのです．乗法の表記に，"*"や"X"を使わないように．たいていのワープロで，"×"や"・"という乗算記号を使えますし，乗算は明示しなくてもよい場合が多いからです．同様に，特定のプログラミング言語の記法も使ってはいけません．たとえば，==，a=b=0，a++，for(i=0;i<n;i++)などはC言語に不案内な読者には，わからないか，誤解されることがあります．beginやendのようなブロック規定文も普通は必要ありません．入れ子構造は，擬コードの例や文コードの例に示した例のように，段下げや番号づけで示すことができます．

数学は，集合表記，上つき下つき添え字，「 」，Σ，Πなど，アルゴリズムの記述に使われる記法や記号を提供します．ただし，本来の意味を超えて，数学表記を乱用してはなりません．また，よいプログラミングとよい記述とは必ずしも合致しません．たとえば，複数文字の変数名には注意が必要です．"$p \times q$"と誤解されかねない箇所では，"pq"を変数名に使ってはいけません．

論文にアルゴリズムの記述だけでなく，プログラム自体を含めることもかつてはよくありました．少なくとも小さなプログラムの場合は，読者が簡単にプログラムを入手できるということから，これも有益でした．しかしながら，今日では，ftpやhttpを使ってプログラムコードの配布を行えますし，プログラムをキー入力したいという読者はほとんどいません．

詳細さのレベル

アルゴリズムは，簡単に実装できる程度にまで詳しく記述すべきです．

× 5. (Matching.) For each pair of strings s, $t \in S$, find $N_{s,t}$, the maximum number of non-overlapping substrings that s and t have in common.

この種のステップの実装方式は，最終的にアルゴリズムの効率に大きな影響を及ぼします．したがって，このマッチングの詳細を明示する必要があります．ただし，不必要に詳細を記述してはいけません．たとえば，アルゴリズムの記述でループを不必要に使ってはなりません．

× 3. (Summation.) Set $sum \leftarrow 0$. For each j, where $1 \leq j \leq n$,
    (a) Set $c \leftarrow 1$; the variable c is a temporary accumulator.
    (b) For each k, where $1 \leq k \leq m$, set $c \leftarrow c \times A_{jk}$.
    (c) Set $sum \leftarrow sum + c$.

これは，まどろっこしくて，等価な数式表現よりもわかりやすくないからダメです．和や積を実装するのに，どうループを使うかは，プログラマならわかっているものと仮定して問題ありません．

○ 3. (Summation.) Set $sum \leftarrow \sum_{j=1}^{n}(\prod_{k=1}^{n} A_{jk})$.

この例からわかるように，変数 sum がほかで使われないなら，このステップ自体が不要でしょう．sum を和の式で置き換えればよいのです．むずかしいことがらの記述を含めるため，和を計算するステップを提示することもあるでしょう．たとえば，行列 A が疎で，2次元配列ではなくリストで貯えられているなら，和を効率的に計算する方法の説明があってもよいでしょう．

アルゴリズムの記述では，十分明確になるなら数式よりも文章でよいでしょう．

× 2. for $1 \leq i \leq |s|$
    (a) set $c \leftarrow s[i]$
    (b) set $A_c \leftarrow A_c + 1$
○ 2. For each character c in string s, increment A_c.

図

図は，データ構造の複雑さを伝えるには効果的です．単純な構造ですら，文

章では複雑な記述になります．図の一般的な指針は，第6章で述べました．

○ A single rotation can be used to bring a node one level closer to the root. In a left-rotation, a node x and its right child y are exchanged as follows: given that B is the left child of y, then assign B to be the new right child of x and assign x to be the new left child of y. The reverse operation is a right-rotation. Left- and right-rotations are shown in the following diagram.

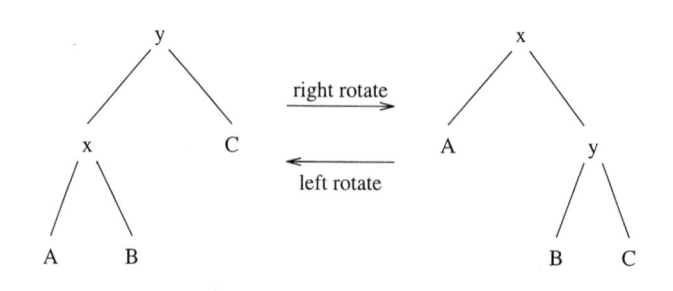

```
        y                              x
       / \         right rotate       / \
      x   C       ─────────────>     A   y
     / \          <─────────────        / \
    A   B          left rotate         B   C
```

アルゴリズムの環境

　アルゴリズムを構成するステップは，その記述の一部でしかありません．ほかに環境があります．操作するデータ構造，入出力データ型，場合によっては，オペレーティングシステムやハードウェアといった下部の特性などです．アルゴリズムの環境を明確に記述していないと，理解が困難になります．たとえば，リスト処理アルゴリズムの提示では，リスト型，入力，そして出力の記述が不可欠です．リストが2次記憶に貯えられ，速度を解析したのなら，想定したディスクの特性を記述するのが適当でしょう．メモリサイズやディスクのスループットなどハードウェアについての考慮を含んだアルゴリズムでは，環境が現実的であるために，最新の技術や近々実現される技術も反映すべきでしょう．

　カウンタのような自明なものを除いて，すべての変数の型を記述します．入力の正当性も含め，期待される入出力を記述し，アルゴリズムの限界を述べ，アルゴリズムからは明らかでない誤差やエラーについても論じます．とくに重要なことは，アルゴリズムが何をするかを述べることです．

　データ構造は注意して記述します．擬コード言語でレコード定義を与えることではなく，単純な数式を使うなどして曖昧さのないように構造を規定するの

です．

- Each element is a triple
        (string, length, positiobs)
    in which positions is a set of byte offsets at which string has been observed.

一貫性を保つようにします．同じ仕事をする複数のアルゴリズムを提示するときには，できる限り，同じ入出力上で定義します．あるアルゴリズムがほかのアルゴリズムよりも強力で，たとえば，より豊富な入力言語を処理できるかもしれません．この種の相違は明示すべきです．

アルゴリズムの性能

　アルゴリズムの性能を評価し比較する道具には，形式証明，数学モデル，シミュレーション，および実験があります．これらの道具や試験に関する項目については，第8章で論じます．ここでは，アルゴリズムの評価で考慮すべき点について述べます．

評価基盤　評価基盤は明示すべきです．アルゴリズムの比較では，環境だけでなく評価基準をきちんと述べます．たとえば，アルゴリズムを機能性で比較するのか，速度を比較するのかです．速度は漸近的な傾向をいうのか，典型的なデータの処理をいうのか．データは実際のものか合成したものか．新しい技法の性能を記述するときには，よく知られた標準的な技法との比較が有用でしょう．

　読者は，現実に基盤のある比較の方を信頼します．とくに，その基盤が，既存のアルゴリズムよりも提示しているアルゴリズムに有利であってはダメです．比較基盤自体に問題があるなら，結果も受け入れがたくなります．

　仮定を単純化すれば，数学的な解析が可能になります．しかし，非現実的なモデルになりかねません．自明でない単純化は，その理由を注意して述べるべきです．

処理時間　ある与えられた入力の時間（速度）は，アルゴリズムでよく使われます．時間は，CPU速度，キャッシュサイズ，システム負荷，プリフェッチ戦略のようなハードウェア特性に依存するので，常に容易に測れる量ではありません．しかしながら，新しいアルゴリズムの記述には，時間を示すべきで

す．実験のではなく，数学モデルに基づく時間は，そのことを明示すべきです．

CPU 時間の測定は信頼できないことがあります．ほとんどのシステムの CPU 時間は，1/64 秒だとか 1/1000 秒だとかの倍数で計測されています．この単位時間が，そのときにアクティブなプロセスを選ぶなどという適当な方法で，プロセスに割り当てられるのです．システムがそのプロセスの CPU 時間として報告する数値は，とくに，システムがビジーな場合は，よき予測以上の何物でもありません．

メモリとディスク要件　ほとんどの場合，アルゴリズムの選択だけでなくディスク使用方式の変更により，時間とメモリとをトレードオフすることが可能です．著者は，アルゴリズムのメモリ使用法を注意して記述すべきです．

ディスクとネットワークトラフィック　ディスクのコストには，要求データの最初のビットをとってくる時間（シークと遅延）と，要求データの（ある転送率での）転送時間という2つがあります．そこで，ランダムアクセスとシーケンシャルアクセスとではコストが大きく異なります．現在のハードウェアでは，ディスクとユーザプロセスとの間に，キャッシュやバッファが複数段挿入されているので，アクセスを繰り返すことによってアクセスコストを下げることも検討すべきでしょう．ネットワークトラフィックの振舞いでも同じことがいえます．たとえば，最初のバイトを転送する時間の方が，その後のバイト転送の時間よりも大きいでしょう．

現在のディスクドライブは機能が高度になっており，CPU やオペレーティングシステムとの遣り取りが複雑なので，アルゴリズムの正確な数学的記述は困難です．ディスク性能の記述には大まかな近似を用いるしかないことが多いでしょう．

適用可能性　アルゴリズムはその資源要件だけでなく，機能性についても比較できます．その種の比較基盤は，漸近解析などと較べてまったく異なったものになります．

よくある誤りは，ずいぶん異なった作業を行う2つのアルゴリズムの資源要件を較べることです．たとえば，近似ストリングマッチングアルゴリズムの出力は同じではありません．あるアルゴリズムでの類似ストリングは，別のアルゴリズムでは受理されません．これらのアルゴリズムのコスト比較にはほとんど意味がありません．

漸近計算量 (asymptotic complexity)

　アルゴリズムの性能は，たいてい漸近解析で測られます．読者は，問題のスケールの変化に応じてアルゴリズムがどう振舞うかを学びます．ほとんどの読者は大文字のO記法に慣れています．関数$f(n)$が$O(g(n))$である必要条件は，ある定数cとkについて，すべての$n>k$に対して，$f(n) \leq c \cdot g(n)$となることです．$f(n) < c \cdot g(n)$なら$o(g(n))$です．O記法は上限を与えます．同様に，Ωとωは下限を記述するのに使い，Θは限界そのもの (tight bound) を記述します．関数の計算量が$\Omega(g(n))$かつ$O(g(n))$なら，$\Theta(g(n))$となります．著者によってはこれらの記法を違う意味で使うことがあるので，たとえば，$\Omega(g(n))$の意味を定義しておいた方が無難です．

　O記法は少しくだけた意味で，計算量の上限ではなく，計算量そのものを指すこともあります．"comparison-based sorting takes $O(n \log n)$ time"とか"linear insertion sort always takes at least $O(n)$ time"と書く著者もいます．これは乱用ではありますが，意味は明らかで，"linear insertion sort has complexity $\Omega(n)$"よりも強い表現です．しかし，くだけた分だけ誤解される危険のあることに注意してください．たとえば，アルゴリズムを"quadratic"と述べたときに，計算量を$\Theta(n^2)$ととるかどうかは読者によります．同様に，"constant"，"linear"，"logarithmic"，"exponential"という術語は注意して使ってください．

　静的なデータ構造を処理するアルゴリズムでは，そのデータ構造を作成するコストも考えるべきでしょう．たとえば，整列配列の2分探索は$O(\log n)$時間ですが，配列の初期整列には$O(n \log n)$時間かかります．

　解析領域が明確で，データの適切な要素を解析するよう注意してください．たとえば，データベースアルゴリズムを，個々のレコードの長さではなくレコード数の関数として解析する方が普通は適当でしょう．しかしながら，レコード長が大きく変動するなら，それも考慮すべきでしょう．整数演算を扱うアルゴリズムでは，算術演算が単位コストをもつと仮定してよいでしょう．他方，プライバシー保護を素因数分解の時間に依存する公開鍵暗号アルゴリズムのような，任意長の整数を扱うなら，算術演算のコストを各整数のビット数の関数として考える必要があります．

面倒なのは，主要コストがスケールとともに変化し，しかも，理論上の主要コストが実際には主要でない場合です．たとえば，あるアルゴリズムでは $O(n \log n)$ 比較と $O(n)$ ディスクアクセスを要すとします．理論原則からは，このアルゴリズムの計算量は $O(n \log n)$ となりますが，比較演算が 50 ns で，ディスクアクセスが 10 ms ということを考えると，実際には，普通のアプリケーションではディスクアクセスのコストの方が主となるでしょう．

著者によっては，漸近値の論理を勘違いしています．たとえば，アムダールの法則は，アルゴリズムが終了する時間の下限が，アルゴリズムの中の本質的に逐次的な部分で決定されると述べられます．残りの部分は並列実行可能で，この部分はプロセッサを増やすことによって減らせるのですが，プロセッサが増加しても下限は影響を受けません．しかしながら，あるアルゴリズムが入力データのサイズとプロセッサ数をともに増やすことによって，アムダールの法則が通用しなくなったと結論づけた出版論文がありました．これらの変数は，アルゴリズムの逐次部分には最小限度の影響しかないので，逐次部分の全処理時間の比率が減っているのです．しかし，この結果はアムダールの法則自体とは矛盾しません．したがって，この論文の結論は誤っているのです．

ほかの誤用例としては，あるインデックス技法により，データベースのパターンに合致するものをみつける時間が，漸近的にデータベースサイズの線形より小さくなるというものがありました．これは，1 つのレコードがパターンに合致する確率は一定なので，極限としては，合致する個数はデータベースのサイズに線形に比例することを考えると，画期的な結果ということになります．著者は，パターンの長さをデータベースサイズの対数であると仮定しており，回答数が定数となっていることから，このような誤った主張が生じたのです．このインデックス技法が線形以下とみえたのは，入力が変化しているからでした．

時には，形式解析が不適当だったり，主要でないこともあります．たとえば，文章の段落の行分けをするアルゴリズムでは，大量入力を処理する必要はめったに起こらないので，極限的に既存のアルゴリズムよりもすぐれたアルゴリズムも，典型的な場合についてすぐれていることを示さない限り，興味をもたれません．より一般的には，解析によってある結果が結論として得られたとしても，ほかの結果が得られたわけではありません．解析結果は普通，たとえば，定数因子や CPU，キャッシュ，バス，ディスクが予測不能な干渉を行う

実際の振舞いについて，何も述べません．このような特性は，実験によってのみ決定可能です．したがって，漸近解析からハッシュ表の方がBツリーより速いことがわかっていても，実際には，大規模データベースシステムにおいては，レコードを貯えるのにはBツリーの方がすぐれているのです．

　さらに，解析は仮定よりも信頼できるというわけではありません．データ構造の解析では，データは何らかの方法でモデル化しなければなりません．おそらくは，解析を行えるように，仮定を単純化するのですが，モデル化が実際的であるという保証はありません．解析結果は，ある場合には，すべてのマシンで常に実際の性能に影響が及ぶほど強力な場合もありますが，それだけで十分であるとは限りません．

擬コードの例

これは最良の提示手法ではありません．アルゴリズムは隠れており，番号は行下げを反映していません．また，著者が不必要に自明な最適化（行 10～12）をもち込んでおり，変数の記法はすっきりしていません．機械用のプログラムみたいで，読者への説明がありません．

The **WeightedEdit** function computes the edit distance between two strings, assigning a higher penalty for errors closer to the front.

Input: $S1, S2$: strings to be compared.
Output: weighted edit distance
Variables: $L1, L2$: string lengths
              $F[L1, L2]$: array of minimum distances
              W: current weighting
              M: maximum penalty
              C: current penalty

WeightedEdit$(S1, S2)$:
1. $L1 = len(S1)$
2. $L2 = len(S2)$
3. $M = 2 \times (L1 + L2)$
4. $F[0, 0] = 0$
5.   **for** i **from** 1 **to** $L1$
6. $F[i, 0] = F[i-1, 0] + M - i$
7.   **for** j **from** 1 **to** $L2$
8. $F[0, j] = F[0, j-1] + M - j$
9.   **for** i **from** 1 **to** $L1$
10. $C = M - i$
11.   **for** j **from** 1 **to** $L2$
12. $C = C - 1$
13. $F[i, j] = min(F[i-1, j] + C,$
                          $F[i, j-1] + C,$
                          $F[i-1, j-1] + C \times \textit{isdiff}(S1[i], S2[j]))$
14. **WeightedEdit** $= F[L1, L2]$

文コードの例

長い前置きと文章の使用とにより，アルゴリズムが理解しやすくなっています．

WeightedEdit(s, t) compares two strings s and t, of lengths k_s and k_t respectively, to determine their edit distance—the minimum cost in insertions, deletions, and replacements required to convert one into the other. These costs are weighted so that errors near the start of the strings attract a higher penalty than errors near the end.

We denote the ith character of string s by s_i. The principal internal data structure is a 2-dimensional array F in which the dimensions have ranges 0 to k_s and 0 to k_t respectively. When the array is filled, $F_{i,j}$ is the minimum edit distance between the strings $s_1 \ldots s_i$ and $t_1 \ldots t_j$; and F_{k_s,k_t} is the minimum edit distance between s and t.

The value p is the maximum penalty, and the penalty for a discrepancy between positions i and j of s and t respectively is $p - i - j$, so that the minimum penalty is $p - k_s - k_t = p/2$ and the next-smallest penalty is $p/2 + 1$. Two errors, wherever they occur, will outweigh one.

1. (Set penalty.) Set $p \leftarrow 2 \times (k_s + k_t)$.
2. (Initialize data structure.) The boundaries of array F are initialized with the penalty for deletions at start of string; for example, $F_{i,0}$ is the penalty for deleting i characters from the start of s.
    (a) Set $F_{0,0} \leftarrow 0$.
    (b) For each position i in s, set $F_{i,0} \leftarrow F_{i-1,0} + p - i$.
    (c) For each position j in t, set $F_{0,j} \leftarrow F_{0,j-1} + p - j$.
3. (Compute edit distance.) For each position i in s and position j in t,
    (a) The penalty is $C = p - i - j$.
    (b) The cost of inserting a character into t (equivalently, deleting from s) is $I = F_{i-1,j} + C$.
    (c) The cost of deleting a character from t is $D = F_{i,j-1} + C$.
    (d) If s_i is identical to t_j, the replacement cost is $R = F_{i-1,j-1}$. Otherwise, the replacement cost is $R = F_{i-1,j-1} + C$.
    (e) Set $F_{i,j} \leftarrow \min(I, D, R)$.
4. (Return.) Return F_{k_s,k_t}.

文芸的コードの例

アルゴリズムの説明と提示とが同時に行われます．これは言葉数の多い形式ですが，通常は，もっとも明確です．この例は不完全なことを注意してください．

WeightedEdit(s, t) compares two strings s and t, of lengths k_s and k_t respectively, to determine their edit distance—the minimum cost in insertions, deletions, and replacements required to convert one into the other. These costs are weighted so that errors near the start of the strings attract a higher penalty than errors near the end.

The major steps of the algorithm are as follows.
1. Set the penalty.
2. Initialize the data structure.
3. Compute the edit distance.

We now examine these steps in detail.

1. Set the penalty.

    The main property that we require of the penalty scheme is that costs reduce smoothly from start to end of string. As we will see, the algorithm proceeds by comparing each position i in s to each position j in t. Thus a diminishing penalty can be computed with $p - i - j$, where p is the maximum penalty. By setting the penalty with

    (a) Set $p \leftarrow 2 \times (k_s + k_t)$

    the minimum penalty is $p - k_s - k_t = p/2$ and the next-smallest penalty is $p/2 + 1$. This means that two errors—regardless of position in the strings—will outweigh one.

2. Initialize data structures ...

第8章

仮説と実験

> もっとも明瞭で，完璧な状況証拠でさえ，結局間違いのこともあり，したがって，十分慎重に受け止めるべきだ．
> マーク・トウェイン『まぬけウィルソンのカレンダー』

> 科学者の数だけ多くの方法が存在する．
> パーシー・W・ブリッグマン『科学的手法』

> われわれは，自分たちが何について話しているかわかっていない．
> カール・ポパー『果てしなき探求』

仮説（hypothesis）を確証するための実験は，科学の中心要素です．仮説とは，

> ……試験的アイデア，ものごとの性質に関する仮の提案．検証（test）されるまで，法則（law）と取り違えてはいけない……信じたいという感情的願望がどんなに大きくとも，もっともらしさ（plausibility）は，証拠の代わりにはならない．[25]

コンピュータでは，実験，一般的には，試験データに対する試験実装は，アルゴリズムについての仮説を検証するなどの目的に使われます．アルゴリズムが特定課題をこなすことを示すだけでなく，資源を適切に使うことも示します．検証された仮説は，十分に記述構成され，また，説得力をもって主張されれば，科学知識の一部になります．本章では，仮説をどのように枠づけるか，実験をどのように設計し，記述するかを検討します．「研究のプロセス」のための便利な公式がないのと同様，実験のための公式もないことは承知しておいてください．

仮説を述べる

仮説は明確に，正確に，具体的に記述すべきです．曖昧ではいけません．概念定義がいい加減なほど，それだけ多くの要求を，たとえ矛盾があっても，同

時に満たすことができます．提案されていないこと，結論の限界が重要なこともたびたびあります．例をあげましょう．Pリスト（P-list）が，速くて簡潔な主記憶上の探索構造として，ある範囲のアプリケーションで使われる有名なデータ構造とします．ある科学者が，Qリスト（Q-list）と呼ぶ新しいデータ構造を開発しました．形式解析では，空間と時間双方において，漸近計算量は同じでした．しかし，その科学者は，Qリストの方が実用的にはよりすぐれていると直感的に信じ，実験で，これを証明することに決めました．

　（この信念または本能による動機づけは，科学過程で重要な要素です．アイデアは，思いついたときには，正しいかどうかわからないので，そのアイデアが考慮に値すると示唆するのは，直観かもっともらしさです．つまり，研究は，主観的な理由でなされます．しかし，最終的な研究報告，発表論文は，客観的でなければなりません．）

　仮説は次のように要約されます．

　× Q-lists are superior to P-lists.

この文は，実験の基盤としては十分ではありません．すべてのアプリケーション，すべての条件，あらゆる時間に適用できなければ，成功とはなりません．形式解析なら，そのように正当化できるかもしれませんが，実験では，それは不可能です．とにかく，あるデータ構造が，ほかに完全に取って代わることは，実際まれなことです．配列と連結リスト（linked list）の耐久性を考えてみればわかります．そこで，どう考えても，この仮説は正しくありません．試験可能な仮説とは，次のようなものです．

　○ As an in-memory search structure for large data sets, Q-lists are faster and more compact than P-lists.

もっと限定する必要があるでしょう．

　○ We assume there is a skew access pattern, that is, that the majority of accesses will be to a small proportion of the data.

限定文は，Qリストがよいという主張の適用範囲を示します．仮説を読む人は，十分な情報を得たので，Qリストが適さないアプリケーションがあるという結論を得ますが，これは結論自体を否定するものではありません．ほかの科学者が，別の条件のもとでQリストの動きを調べ，Pリストより劣るという結論に達することもあるでしょう．それでも，元の結果の妥当性は揺るぎません．

この例が示すように，仮説は試験可能でなければなりません．試験可能性とは，範囲が実験可能な領域に限られていることです．また，仮説の誤りを立証できることでもあります．曖昧な主張はこの基準を満たしません．

× Q-list performance is comparable to P-list performance.
× Our proposed query language is relatively easy to learn.

仮説の誤りを立証しやすければしやすいほど，立証に成功したときの説得力が増します．

仮説を発展させる

最初の試験結果から，仮説の改善が必要となるかもしれません．実際，科学進歩の多くは，仮説を新しい発見に適合させるための改良と発展だとみなすこともできます．時には，改良の余地がないこともあります．古典的な例が，質量による光の回折についてのアインシュタインの予測です．予測値との大きなずれが，一般相対性理論を否定すると信じられたので，批判にさらされた仮説です．典型的には，仮説は実験の改良と平行して発展していきます．

しかし，これは，仮説が実験に従うべきだということではありません．仮説は観察に基づいていることは多いのですが，それは，成功する予測を行えるだけ確信がもてたというにすぎません．"the algorithm worked on our data" という観察と，"the algorithm was predicted to work on any data of this class, and this prediction has been confirmed on our data" という検証ずみの仮説との間には大きな違いがあります．この問題を認識するもう1つの方法は，可能な限り，試験は予断のないものにすべきだということです．もしも，実験と仮説が，データ上でうまく調整されているとするなら，実験が確信を与えるとはいえません．その実験は，仮説が基づく観察を提供したにすぎません．

2つの仮説がともに観察に合致し，一方が他方より明らかに簡潔なら，簡潔な仮説を選択すべきです．オッカムの剃刀として知られるこの原則は，単に約束にすぎません．しかし，これは十分確立された判断であり，複雑な方の説明を選ぶ理由は，確かにありません．

仮説を防衛する

説得力のある論文の1つの要素は，正確で興味深い仮説です．もう1つは，仮説検証と，支持証拠の提示です．研究過程の一部分として，仮説を試験し，正しければ（少なくとも間違いがなければ）支持証拠を集める必要があります．仮説提示では，仮説を証拠と関連づけた議論を構成しなければなりません．

たとえば，"the new range searching method is faster than previous methods" という仮説を，"range search amongst n elements requires $O(\log \log n)$ comparisons" という証拠で支持するとします．これはよい証拠かどうかはわかりませんが，証拠と仮説を結びつける議論がないので，説得力に欠けます．欠けているのは，"previous results indicated a theoretical best-case complexity of $O(\log n)$" のような情報です．証拠が実際に仮説を支持することを示し，結論が正確に導かれたことを示すのは，この結びつける議論の役割です．

議論を構成する際，仮説を同僚に対して防衛することを想像すると役に立ちます．質問者の役割を演ずるのです．つまり，異議を唱え，その意義に反論することで，議論が正しいと読者に確信させるために必要な題材を集めるという方法です．"the new string hashing algorithm is fast because it doesn't use multiplication or division" という仮説から出発して，次のような議論展開が考えられます．

- I don't see why multiplication and division are a problem.
  ほとんどの計算機では，算術演算に複数サイクルを使うか，そもそも，ハードウェアを使いません．新しいアルゴリズムは，文字ごとに，2つの排他論理和演算を用い，最後にモジュロ演算を使います．浮動小数点加速器のあるパイプラインマシンでは，あまり違いのないことには同意します．
- Modulo isn't always in hardware either.
  そうです．でも，1度しか実行しません．
- So there is also an array lookup? That can be slow.
  配列がキャッシュにあれば遅くはなりません．

- What happens if the hash table size is not 2^8 ?

よい質問です．この関数は，2^8，2^{16} などのサイズのハッシュテーブルにもっとも効果的です．

議論では，反論できない点は是認し，確信のないところは，それを認めながら，起こりそうな異議に対して反駁しなければなりません．仮説を発展させる過程で，反論を考えたがそれを排除できたのなら，論文での理由づけにそれを含めて述べることは有用でしょう．そうすることで，読者は，みなさんの思考過程を追いかけることができ，同じ異議を考えた読者には間違いなく役立ちます．すなわち，仮説に対して読者が抱く問題点を予期しなくてはなりません．同様に，反例を積極的に探すべきです．

もし，反駁できない反論を考えついたら，脇にのけないでください．最低限それを論文に載せるべきですが，それは結果自体を再考しなければならないということを示しています．

仮説は，その効果を考えることで，つまり，捨てるか保留するかという単純な議論を検討することで，予備的に試験できます．たとえば，もし仮説が真実なら，ありそうもない結論が出ますか．もしそうなら，仮説が間違っている可能性があります．現在の信念に反したり矛盾したりする仮説に関しては，この矛盾は，現在の信念が愚かさゆえにやっと保たれてきたことを意味するでしょうか．この場合も仮説が間違っているかもしれません．仮説は，現在の信念によって説明されるあらゆる観察を扱いますか．そうでなければ，仮説はおもしろくないでしょう．

常に，仮説が間違っている可能性も考えてください．正しい仮説が，時には疑わしくみえる場合もよくあります．それは，たぶん初期のころ，仮説が十分開発されていなかったり，実験証拠が矛盾するようにみえたときです．しかし，仮説は生き残り，試験により強化され，疑いに直面して改良されるものです．ただし，同じくらいの頻度で仮説は誤るものです．その場合に，仮説に固執するのは時間の無駄です．真実でありそうかどうかを確認するのに十分に長い間ねばってみましょう．しかし，それ以上時間をかけるのは愚かです．

以上のことから，仮説への直感的な思い入れが強いほど，それだけ厳密に検証しなければならないということがいえます．結果を曲げるのではなく，自分で仮説を反論するものと仮定し，そして，仮説を防衛するのです．

証　　拠

　おおざっぱにいって，仮説支持には，解析すなわち証明，モデル，シミュレーション，および実験という4種類の証拠が使われます．

　解析すなわち証明は，仮説が正しいという形式議論です．証明の正当性を絶対だと考えるのは間違いです．証明の信頼性が高くても，誤りがないという保証はありません．（私の経験では，定理の正しさを確信しているのに，証明の構造については疑わしいと思う研究者がめずらしくありません．ここから，結局定理が誤っていたという発見に至ることがあまりにも多いのです．）あらゆる仮説，とくにある意味で現実世界を含む仮説が，形式解析になじむと考えるのは間違いです．たとえば，人間行動がインターフェース設計問題に本質的にかかわりますし，システム特性は計算不能なほど複雑です．計算量解析でいつも十分だと考えるのも間違いです．そうはいっても，形式解析の可能性を決して見逃してはいけません．

　モデルは仮説の数学的記述です．少なくとも仮説の一部の要素は，アルゴリズムとしてその性質が考慮対象となります．仮説とモデルが，実際に一致するということを示す必要が通常あります．

　シミュレーションは，普通，仮説の単純形の1つの，あるいは部分的な実装です．完全実装に伴う困難を，省いたり，近似したりして回避します．極端な場合，シミュレーションは骨格をなぞるだけになります．たとえば，並列アルゴリズムの試験を，逐次機械上でマシンサイクルとシミュレートしたプロセッサーの間の通信コストを数えるインタープリターを使ってすまします．シミュレーションが，仮説の実装で，人工的データを使って試験したという極端な場合もあります．私は，シミュレーションを「白衣（white coat）」試験，人工的で，隔離された，きわめて統制された環境のもとで行われる試験と考えます．

　実験は，提案の実装に基づき，実際の，少なくとも実際的なデータを使った，仮説の完全試験です．そこで，実験には，現実にそれをしているという感覚があり，シミュレーションには，現実ではないという感覚があります．理想的実験は，モデルによる予測に導かれ，予測した動きを確認するために行われます．

以上の手法は，相互確認のためにも使われます．たとえば，証明の正しさのほかの証拠を得るために，シミュレーションを使います．ただし，混同してはいけません．たとえば，あるアルゴリズムについて，予測性能の数学的モデルがあると考えましょう．このモデルのプログラムをつくり，モデルパラメータのある数値に対して予測性能を計算することは，絶対にアルゴリズムの実験試験にはなりません．モデルがアルゴリズムの記述であることを立証してもいません．せいぜい，モデルの特性が間違っていないことを確認するくらいです．シミュレーションと実験の区別はさらに困難です．

　どの方法を使うか選ぶときには，読者にとっての説得力を考えなければなりません．たとえば，単純化と仮定に基づいたモデル，代数解析と高度な統計学の応用，あるいは限られたデータに基づいた実験などのように，証拠に問題があれば，結果も疑わしくなります．労力を最小限にするためにではなく，できる限り説得力があるように，証拠の形態を選択します．

公正な実験の設計

　試験は，仮説を支持するために構成するのではなく，公正なものにすべきです．この問題は，新しいアイデアを既存のものと比べるとき，もっともはっきりするでしょう．この場合，試験環境は，既存の考えを支持する読者にとっても納得できるように設計せねばなりません．試験が，新しい考えに偏っていると思えるなら，これらの読者は結果に納得しないでしょう．

　どんな実験を試みるかについては，仮説がもっとも成立しにくい場合をみつけるべきでしょう．そういう場合が興味深いはずです．もし，仮説が成り立ちそうな場合だけを試験し，成立しにくい場合を試験しなければ，実験は証明にはなりません．実験は，もちろん仮説の試験のはずです．試験していることが，試験するつもりだったことか常に確認してください．仮説そのものが正しくて，初めて実験が成功したといえるのです．

　実験計画や結果を検査するときには，結果に対して，ほかに考えられる解釈がないかどうか考える価値があります．もしほかにあれば，その可能性をつぶすために，試験を計画します．たとえば，ディスク内のファイルが，与えられた文字列を含むかどうかの検査問題を考えましょう．あるアルゴリズムは，ファイルを直接走査します．応答がより速いとわかっているもう1つのアルゴリ

ズムは，ファイルの圧縮形を走査します．速度向上が，マシンサイクルの減少のためか，圧縮ファイルのディスクからの転送時間の減少のためか，どちらの理由なのか確認するために，さらに試験をする必要があります．

結果が反対に出たり，失敗した実験の結果を検査するときには，とくに配慮が必要です．"we have shown that it is not possible to make further improvement"という文の読者は，著者が有能ではないから改良できないのではないかと考えるかもしれません．計画した実験が失敗した場合はとくに困難です．

得られた結果がふさわしいもの（sensible）かどうか考えるのも価値があります．たとえば，この実験に適用できる保存法則があるでしょうか．境界条件は，かなり予測できますが，結果は境界の近傍で正しそうでしょうか．典型例には，おおざっぱな推測で結果を予期できますが，その結果は実際に観察できたでしょうか．

結論は結果によって十分支持されるべきです．特別な場合に限っての成功は，一般的な成功の証明にはなりません．そこで，試験のなかで特殊例となる要因に気をつけましょう．規模は，よくみかける問題です．たとえば，同じ結果が大規模なデータ集合でも観察されるかどうかです．

不適当な結論を導いてはいけません．たとえば，ある方法が大規模データ集合ではほかの方法より速く，中規模データ集合では同じ速度だからといって，小規模データ集合で，ほかの方法の方が速いことにはなりません．規模によってコスト要因が異なるにすぎません．また，結論を誇張してはいけません．たとえば，新しいアルゴリズムがいくぶんかでも現存のものより悪いのに，同様だと述べるのは間違いです．違いが小さいことを，似ていると読者が推論するのはかまいませんが，著者がそう主張するのは不正直です．

しっかりした実験を設計する

試験環境は外部要因の影響を最小限にするよう設計してください[25]．基本性

25：原注　1648年に発表された慎重な研究において，Jan-Baptista van Helmontは，植物は水からできているという結論を出しています．
　あらゆる植物は，ただちにかつ実質的に，水という要素のみから生じているということを，私は次のような実験から学んだ．私は，オーブンで乾燥した200ポンドの土を入れた土器を用い，雨水で潤

質でさえ，測定は驚くほど困難です．たとえば，ディスクに貯えられた材料にアクセスする時間は，ディスクのハードウェアの特性だけでなく，アクセスパターン，ディスクキャッシュとそのサイズ，ファイルシステムの設計などで影響を受けます．仮説の一部ではない，システム特性や，定数要因のオーバヘッドなどに無関係な結果を得るように，試験を設計すべきです．

たとえば，2つの圧縮技法の性能測定を考えましょう．異なるデータを試験していては，結果を比較できません．よい性能も，技法のためか，圧縮しやすいデータを選択したためかどちらかわかりません．したがって，試験環境の要素には，試験データの選択が含まれます．実験によっては，標準データが利用できます．たとえば，機械学習のベンチマークとか，圧縮方式を試験するための言語資料（corpus）です．このような標準資料の利用は，この種の実験には欠かせません．標準データが利用できないときには，選んだ試験データが代表的だと保証できるよう配慮すべきです．

試験環境のほかの要素にハードウェアがあります．広く利用できるハードウェア特性に関して性能を述べるのがいちばんです．たとえば，クロック速度やディスクアクセス時間などです．読者は，発表結果を，別のシステムでの性能に関連づけることができます．

試験自体はできる限り，実装の質や測定の精度に依存しないようにすべきです．理想的には，実験は，曖昧さなく真偽がはっきりした結果を得るよう設計すべきです．これが不可能なら，傾向やパターンを示すことで，確認します．つまり，成功かどうかを明確にして，解釈によって揺るがないようにすべきです．この原則の1例は，PonsとFleischmanの常温核融合についての研究です．彼らが成功したという主張は，測定された入力エネルギーと出力エネルギーの，ほんの2，3％の小さな差異に基づいています．この実験では，ごく小さな誤差を認めても，主張が崩れます．対照的に，彼らの失敗を主張するのは，放射線がほとんど完全にないこと，これは簡単な真偽試験であり，結果は偽だった，に基づいています．

した．その中に5ポンドの重さの柳の幹を植えた．5年後に，169ポンドと約3オンスの重さの木に成長した．雨水（および蒸留水）だけが加えられた．器を地中に埋め，錫めっきし，たくさんの穴をあけた鉄で覆った．（JZ注．ほこりが入るのを防ぎ，土に呼吸させるため．） 私は，4回にわたる秋に落ちた葉の重さは測らなかった．最終的に，再び器の中の土を乾かし，200ポンドから約2オンス減っているのを発見した．したがって，164ポンド分の木，木の皮，および根が，水のみで成長したのである．

上の原則の別の例は，高価な手続き呼び出しを避けるピボットやループの選択などの，標準的なクィックソートアルゴリズムに対するさまざまな改良にみられます．最初はソートされていない，最初からソートされている，あるいは，ある値が多く繰り返されるといった，さまざまな場合について選ばれた試験データにより，実験は，より高速のソーティングを実現できたことを示します．このような実験では，クィックソートが本来，たとえばマージソートよりよいことを示すことはできません．たとえば，同じような改良がマージソートにとっては益がないという推論はできるでしょうが，アルゴリズムの相対的利点については，何も推論できません．実装の相対特性が知られていないし，また，データが漸近的な傾向を調べるようには選ばれていないためです．

ある種の条件では，運がよければ，実験の成功が可能であるか，少なくとも成功らしくみえることが可能です．データに普通でないパターンがあったり，システム応答の変動のために，ある実行がほかの実行より速くなった可能性があります．このような変動がありうる場合には，多数回実行して，偶然による成功確率を減らすように，また（統計学的な意味で）結果が信頼できるようにします．これは，時間計測についてとくにいえることです．ほかのユーザー，システムオーバヘッド，クロックサイクルをプロセスに正確に割りつけられないオペレーティングシステムの無能さ，およびキャッシュ効果などにも影響されるからです．たとえば，ディスク上のファイルから，ブロックがどれだけ速くアクセスされるかを測定する，一見単純な実験を考えましょう．典型的なオペレーティングシステムのもとでは，最初のアクセスは，ファイルの先頭ブロックへの位置づけのために，ヘッダーブロックをまずフェッチしなければならないので，遅くなります．しかし，同じブロックへのその後のアクセスは，メモリにキャッシュされるから，非常に速くなります．遠回りでも，一連の実行の平均が現実的なことを保証することが必要でしょう．もっと典型的な実験を考えましょう．データベースシステムへの質問を評価するのにかかる実時間を考えます．質問の選び方がまずいと，ブロックキャッシュのために，応答時間がばらつきます．多重実行環境では現実的な数値は出ません．

一連の実行に基づく速度実験については，発表数値は，最小，平均，中央値，最大時間のいずれかでなければなりません．最大時間には，たとえば，テープダンプのような貪欲なプロセスがほかのプロセスを締め出したときの実行時間のような，変則値が含まれます．最小時間は，たとえば，プロセスに割り

当てられたタイムスライスの間にクロックが進まなかった場合のように，過小評価されることがあります．だからといって，平均が常に適切とは限りません．システム依存の結果による極値が含まれるかもしれないからです．

発表結果に，異常値や特殊な値がある場合には，説明か少なくとも議論をすべきです．無関係だとはっきり確信できない限り，捨ててしまってはいけません．みなさんが考えたこともない問題を表しているかもしれません．

○ As the graph shows, the algorithm was much slower on two of the data sets. We are still investigating this behaviour.

同様に，極限での動きを論じ，傾向を説明するのは大事なことです．

実験を記述する

結果に対する著者の解釈と理解は，結果そのものと同じくらい重要です．実験結果の記述では，生の数値をまとめるだけにしたり，グラフを並べるだけにしないでください．結果を分析し，その意義を説明してください．典型的結果を選び，なぜ典型的なのかを説明してください．異常については理論づけてください．結果がなぜ仮説を検証または反証するのかを示してください．そして，結果を興味深いものにしてください．

実験は，注意深く述べて初めて価値があります．記述はそのような配慮を反映すべきです．可能な問題を考え取り上げ，実験が実際に仮説を検証（反証）していることを読者に明確になるようにしてください．もっとも重要なことは，実験が検証可能で追試可能であるよう考慮することです．結果が，1回きりのものなら，価値がありません．実験を繰り返せば，同じ結果が出るはずです．ほかの研究者が追試できないのも，価値がありません．仮説と実験の両方の説明は，他人が追試できるように，十分詳しくします．そうでなければ，結果は信頼不能です．

実験が自分の書いたプログラムに基づくなら，プログラムを一般に使えるようにしてください．ほかの研究者がみなさんの結果を再生産できるだけでなく，その結果と，彼らの研究結果とを，直接比較できるようにします．さらに，みなさんが主張の正しさを十分に信頼していることを示すものです．

研究者は，どの結果を報告するか決めなければなりません．研究者は，結果だけでなく，設計上の決定や間違った足取りなども含めた実験記録をとってい

なくてはなりません．実験記録は普通，他人にとっては興味のない内容をたくさん含みます．実験の誤りや異常な出来事などの，結果に無関係で異常な結果もあります．しかしながら，報告結果は，実験結果を公正に反映しなければなりません．

あるデータ集合で試験が失敗し，ほかのデータ集合で成功した場合，失敗を隠すことは反道徳的です．失敗の存在は，成功と同じくらいはっきりと述べるべきです．1つだけの成功報告も，読者が，まぐれではないかと思います．

すべての実験が，論文の仮説に直接関係するとは限りません．たとえば，問題に対するアプローチを予備的に選択するためにも，実験は使われます．結論が出そうになかったり，行き止まりになった実験もあるでしょう．しかし，これらの実験が行われたことを知ること，たとえば，なぜ，その方式を選択したかなどは，読者にとって興味深いかもしれません．このような実験については，読者が詳細に興味をもちそうもないなら，普通は，実験と結果とを手短に触れるだけで十分でしょう．

第9章

編　　集

> ① 何についての話か読者が理解できるべき．② 最初の500語で，全体の考えが暗示されるべき．③ 書き手が，主人公の名前を Ketcham から MacTavish へ変えることに決めたら，Ketcham は最後の5ページには現れるべきでない．
> 　　James Thurber のユーモアのある文章を書くための有効な規則『何がそんなにおかしいの』

> 良心的な読者が，ある一節を不明確だと感じるようなら，それは書き直さなければならない．
> 　　　　　　　　　　　　　　カール・ポパー『果てしなき探求』

　論文作成は，草稿から始まります．実験メモやいくつかの定理のスケッチに基づいたものでしょう．次の段階は，普通，原稿を埋めてとぎれない全体を形づくることです．概念を説明し，背景の材料を加え，考えの論理的流れをつくるように構成します．最後に，間違いを直し，書いた式や表現を改良し，配置に気を配って，論文を推敲します．研究の質を変えませんが，読者にもっとも影響があるのは，最後のこの段階，論文の体裁の整え方です．伝える考えがどんなに強烈なものでも，この段階を軽んじてはいけません．

一貫性（consistency）

　編集とは，文書を発表できるようにする過程です．編集作業の多くは，一貫性に関する誤りがないか文書を検査することで占められます．自分の論文を見直すとき，または，他人の論文を査読するとき，本章末尾の「一貫性があるかどうかの検査項目」の検査項目表を使ってください．編集の練習法で，驚くほど効果的なのは，論文の想定読者の1人になり切ってみることです．このように見方を変えることで，外部の批判者の態度を意識的にとって，そうでなければ気づかないで通り過ぎる問題をみつけることができます．

　私の経験では，初稿は繰り返しが多く回りくどいものです．概念がぎごちな

く表現され，文章の体裁が悪いだけでなく，1つの主題に関する材料が，論文の別々の部分に散らばっています．とくに，複数著者の場合は，似た材料が何度も載っているのをよくみます．もう1つの問題は，論文の進化とともに無関係になった題材があることです．

論文がいったん完成したら，順序も再考する必要があります．題材をほかの位置へ移すときには，新しい文脈のもとで，各文がわかりやすく，適切であるか検査してください．たとえば，用語定義や議論の流れがとぎれないか注意してください．

多くの論文については，編集とは本文の削除となります．論文を短くすることをおそれてはいけません．切り捨てることは，品質を高めることです．簡潔さとバランスを考えて編集してください．内容や，論文の主題への関連性から，その長さでよいという題材を除いて，すべての題材を省略するか，要約することです．

文体（style）

もう1つの編集作業は，文体と明確さに関してで，おそらく，論文仕上げのいちばんむずかしい部分です．本書の多くは，編集で検査すべき文体の要点について述べています．書き直すごとに検討しましょう．論文を明確にするという基本的な目的を心にとめてください．理解しやすい限りは，ちょっとした誤りなら許されるでしょう．

他人の文章を改訂するときには，変更は最低限にする方が好ましいようです．表現を訂正しても，元の文章の趣は保ってください．自分の文体を押しつけるのはやめましょう．

ほとんどの論文誌は，参考文献，図の番号づけ，綴り，表の配置，大文字の使い方などについて，特定の文体を推薦しています．論文投稿を考えているなら，その論文誌の文体を考慮してください．

校正

綴りに間違いのある報告書に，弁解の余地はありません．このような間違いは，際立って目立ちます．それは，綴り能力がないことだけでなく，仕事に対

する態度がなっていないことも露呈しています．気に入ったスペルチェッカーをみつけ，それを使う習慣をつけてください．ただし，スペルチェッカーは，抜けている言葉，単語の繰り返し，間違って使われた言葉，二重の終止符などはみつけません．また，誤った綴りがたまたまほかの単語になっているという，よくある間違いをみつけてくれません．典型的な例は，"on" や "of" を，間違えて "or" にしてしまうことです．("stood, faced the floral setting, and exchanged cows." という結婚式のカップルについての新聞記事の例もあります．) 校正には使いやすい記号を採用してください．ほとんどの辞書や文体の教科書には，編集用記号のよい例が載っています．

　私がよく犯す間違いは，ある単語をタイプするつもりで，頭の2, 3文字が同じ別の単語をタイプしてしまうことです．同様に，単語の文字の位置を入れ換えてしまい，別の単語にしてしまう間違いもやります．本書にも，このようなみつけにくい間違いがいくつかあるでしょう．(この文の原稿は，"Undoubtably there are few of these errors ..." で始めていました．)

　自分がどんな間違いをよくするか調べてください．よくあるのは不完全な文，不適切につなげた文です．時制や複数形と単数形の間違いを検査してください．複数形には，単数動詞の複数形が要ります．たとえば，"a parser checks syntax" で，"compilers check programs" です．

　文書をテキストエディターで調べても，それは，印刷した論文を読んで検査する作業を省いてよいことにはなりません．少なくとも1度は文書全体を読んで，流れと一貫性を検査することは絶対必要なことです．校正の前に，1日か2日論文を脇に置いてみてください．これで，間違いが探しやすくなります[26]．(たいていの人は，自分の書いたものに愛着をもっています．少し間を置くことで，この愛着が薄れます．) とくに文献表を検査することは重要で

---

[26]：原注　新聞は締め切りが短いので，どうしても間違いを見逃してしまいます．雑誌 New Yorker に引用されていた新聞記事の全文を次に示します．

　The Soviet Union has welded a massive naval force "far beyond the needs of defence of the Soviet sea frontiers", and is beefing up its armada with a powerful new nuclear-powered aircraft carrier and two giant battle cruisers, the authorative "Jane's Fighting Ships" reported Thursday.

　"The Soviet navy at the start of the 1980s is truly a formidable force", said the usually-truly is a unique formidable is too smoothy as the usually are lenience on truly a formidable Thursday's naives is frames analysis of the world's annual reference work, said the first frames of the worlds' navies in its 1980-81 edition.

　"The Soviet navy at the start usually-repair-led Capt. John Moore, a retired British Royal

す．それを，読者は関連文献をみつけるために使います．そこで情報を取り違えては，文献をみつけられなくてとまどってしまうでしょう．また，他人の論文を間違って引用したら，その著者は気分を害します．一貫した形式を用い，文献がどこにあるかの十分な情報を含まなければなりません．

論文を提出するか配布する前に，ほかのだれかに読んでもらってください．関連論文を間違って理解しているかもしれません．論理的誤りを犯しているかもしれません．たいていの著者は，自分の文章の曖昧さを見逃しています．気づいていない関連論文や結果があるかもしれません．初心者には説明が短すぎるかもしれません．自明だと思った証明も，他人には知られていないかもしれません．また，校正してくれた人のコメントを決して無視しないことです．誤解があれば，薦められた方法でなくても，論文を変更する必要があります．

印刷品質のよいワープロが，非常に広く使われているので，みかけのよくない報告書は安っぽくみえますが，ワープロは，どんなによいものでも，最終原稿で誤ちを犯すものです．節の最後の単語が次のページの先頭の単語になっているかもしれません[27]．2つの表の間に1行だけの文が孤立しているかもしれません．数式が1ページに収まっていないで後半が次のページになっているかもしれません．この時点では，間違った改行を訂正する必要があります．このような間違いを訂正するには，文章の一部を変更したり移動したり，表の配置替えなどの編集作業が要求されます．長い数式が複数ページにまたがってどうしようもない場合には，図にしてしまうことも考えてください．

うるさい人は，段落の最後の行が，短い1語だけの widow や orphan を一掃するよう要求します．widow に対しては，直前の単語と改行不可空白でつなげます．見出しの直前の行が，ページのいちばん上に1行だけきたときや，ページのいちばん下に，次の段落の最初の行がきたとき，この種の行を orphan と呼びます．なくなるまで書き直してください．

News Services.
 "The Soviet navy as the navy of the struggle started", she reportable Thursday.
 "The Soviet navy at the start of the 1980 s is truly a formidable force", said beef carry on the adults of defence block identical analysis 1980s is truly formidable force, said the usually-reliable of the 1980s is unusually reliable, lake his off the world's reported Thursday.
次は，著者がカメラレディの原稿を提出した会議録の例です．
 Not only is the algorithm fast on the small set, but the results show that it can even be faster for the large set.（これは嘘でしょう．実験を繰り返したのかな．）
27：こういうのは後で説明のある orphan かつ widow です．英文印刷では嫌われる形です．

一貫性があるかどうかの検査項目

- ◆表題と見出しが内容と一致していますか．
- ◆すべての用語は定義されていますか．
- ◆定義形式は一貫していますか．たとえば，新しい用語をすべて斜体にしていますか．一部の用語だけですか．
- ◆一貫した専門用語を使っていますか．
- ◆定義対象は同じように表現されていますか．たとえば，"all regular elements E" を使っていたときに，"all elements F" は regular であることも意味するのでしょうか．
- ◆省略形や頭辞語の正式の形を最初に述べましたか．省略形や頭辞語を複数回使っていますか．正式形が後で不必要に使われていませんか．
- ◆4回以下しか使われていない省略形はありませんか．
- ◆見出しの大文字化は，最大限または最小限になっていますか．ある個所で大文字，ほかでは小文字の単語はありませんか．
- ◆見出しや図表説明の様式や言葉使いは一貫していますか．
- ◆綴りは一貫していますか．"-ise" か "-ize"，"dispatch" か "despatch"，"disc" か "disk" が一貫していますか．
- ◆時制は正しいですか．参照は一貫していますか．
- ◆太文字や斜体の使い方は，理にかなっていますか．
- ◆ある個所ではハイフンを使い，ほかではハイフンを使わない単語はありませんか．
- ◆単位の使用は論理にかなっていますか．ある測定でミリ秒を使い，ほかではマイクロ秒を使っていたとしたら，その論理的理由は何でしょうか．読者にわかりやすいですか．メガバイトの記法を "Mb" と "Mbyte" で混用していませんか．
- ◆同じ種類の数値を同じ精度で述べていますか．
- ◆グラフはすべて同じ大きさですか．座標軸に単位を常に書いていますか．複数グラフの x 軸が，同じ単位を測定している場合，x 軸の表題は同じですか．
- ◆表の形式はすべて同じですか．2重線や単線の使い方は論理的ですか．

すべての値に単位をつけましたか．表題と見出しは一貫していますか．
ある表で，列を特性 A から E に取ったとします．その行がほかでも使
われているでしょうか．つまり，すべての表が同じ方向づけを使ってい
ますか．

◆ アルゴリズムやプログラムはすべて同じ形式を使っていますか．変数名
は一貫した方式を使っていますか．擬コード文はすべて同じ構文を使っ
ていますか．行下げは，一貫していますか．

◆ 参考文献では，各項目の形式が一貫していますか．斜体引用符を表題に
対して適切に使っていますか．大文字の使用は一貫していますか．論文
誌や学会の名前の省略形は，同じものを使っていますか．著者名の形式
は一貫していますか．同種の参考文献については，必要項目は同じにな
っていますか．

◆ 文書形式は一貫していますか．表示された数式の行下げは同じですか．
ある式は中央揃えで，ほかの式が左寄せになっていませんか．ある節の
段落には先頭行の行下げがあり，ほかの節では段落の行下げがなかった
りしませんか．

◆ 括弧は左右釣り合っていますか．

第10章

査　　　読

> 異なる判断は，次のことを宣言する以外の何物でもない．すなわち，真実がどこかにある，ただし，どこにあるかがわかっていればの話だが．
>
> ウィリアム・カウパー『希望』

　査読，すなわち，ほかの科学者の書いた論文の批評と分析は，科学という過程で中心的役割を果たします．よい研究をみつけて，よくないものを削ります．これは，研究そのものと同じくらい重要な活動です．本章では，査読者には査読方法を，また，著者には提出論文に期待される基準を示します．

　新米の科学者ならだれでも，論文査読の仕事に遅かれ早かれ直面することになります．多くの人が，だれかの努力の成果を間違って批判しかねないし，取り返しのつかない間違いのある論文を推薦しかねないことから，査読はおそろしいものだと思っています．査読を頼まれた研究に不案内であったり，自分の専門外ということもよくあります．経験を積んだ研究者ですら，査読がよくできるとは限りません．不注意なあるいは予断をもった査読をする習慣に陥るのは簡単です．ほとんどの研究者が，よい研究成果をほんの2，3語の説明で拒絶された経験をもっています．また，正直な研究者なら，とんでもない間違いがあったのに，査読者のうちのだれ1人として気づかなかったというような経験をもっているものです．残念なことに，多くの査読者が，本来設定されているべき査読者としての最低の標準線に達していません．そして，この不適切な査読の結果として，品質の低い論文が数多く出版されています．

　査読は，雑用かも知れません．しかし，それは科学の過程の肝心な要素であり，ほかのどのような研究活動とも同じだけの努力，注意，そして倫理的な基準を要します．そして，査読には，とくに，編集者や著者の感謝の言葉といったそれなりの報酬があります．また，査読者自身の勉強になり，生産的で興味深い研究を行うための受容性もできます．

責　任

　著者は論文を仕上げると，論文誌の編集者もしくは会議のプログラム委員長に向けて，出版すべく提出します．編集者は，論文を査読者に送ります．査読者は，論文を評価して，査読報告を返します．編集者は，この査読報告に基づいて，論文誌の場合には，論文を受理するか，ほかの査読者に回すか，書き直しを要求するか決めます．

　著者は，論文を準備する場合に，正直で，倫理的で，注意深く，綿密であることが期待されます．論文の内容が正確であることの確認は，究極的には著者の責任で，論文誌，編集者，あるいは査読者の責任ではありません．表現が適切な基準に合っており，自分自身の独創的な研究であることを保証するのも，著者の責任です．

　査読者は，公平で客観的であるべきで，秘密を保持し利害関係から独立でなければなりません．さらに，(遅れると，著者の経歴に傷がつくこともあるので) 妥当な期間ですばやく査読を終え，査読者としての限界を述べ，論文の評価に適切な配慮をし，論文が十分標準に達していると確信がもてるときにだけ，受理を推薦してください．査読者は，普通は，著者が倫理的に行動すると仮定してよいのですが，ろくでもない欠陥のある論文が多く提出されています．こうした論文は受理されず，何度も再提出されるので，無駄な査読が増えます．さらにいえば，きれいな文字，数式の扱いがすごいとか，著者の権威とかの表面的な理由で，論文が正確でおもしろいものと仮定するというのは，査読者の怠慢です．査読者は，また，論文内容が正確で，十分な基準に達しているか調べなければなりません．

　編集者の責任は，査読者を適確に選び，査読を迅速に十分な基準で終えるようにし，査読者の評価が人によってばらついたときや，著者が査読者の評価が不正確だと文句をいったときの調整をし，最終的に，論文の採否を決めることです．

貢　献　度

　貢献度は論文を判定する主要基準です．しかし，貢献度の単純なわかりやす

い定義はありません.実際,しいていうなら,純粋に査読者の意見に基づいた査読過程で貢献度が定義されます.広い意味では,しかし,独創性(originality)と妥当性(validity)があるなら,論文には貢献度があります.

論文の独創性とは,そのアイデアが重要で新しくおもしろいかどうかの度合いで表されます.ほとんどの論文は,程度の違いはあるにせよ,既に発表された研究の延長か変形です.本当に斬新なアイデアはまれです.それだから,おもしろい重要なアイデアの方が,現存の研究をわずかに広げるよりも貴重なのです.発表を認めるだけの十分な独創性があるかどうかを決めるのが,査読者の主な仕事です.本当に卓越した表現のみが,つまり綿密でよく書けた表現のみが,新しいアイデアがほんの少ししかない論文を救うことができます.一方,画期的な論文が受理されないというのは,おぞましいことです.

Parberry[28]は,この判定過程で役に立つ論文の分類を提案しています.貢献度を,大発見(breakthrough),草分け(groundbreaking)から,改良(tinkering),訂正(debugging),概観(survey)に分類しています.貢献度がどの範疇に当たるか決めるときには,論文が発表され,広く読まれたとすれば,どのような変化がみられるかという結果を考えて判断するのが有用です.その分野の数名の専門家しか興味をもたないようなら,その論文はたいしたものではありません.他方,現場での変化が広範囲であったり,ほかの研究者から一連の興味深い新しい結果がみられるようなら,その論文は,画期的です.

アイデアがわかりきったことに思えるというのは,独創性に欠けるということではありません.多くのすぐれたアイデアは,振り返ってみれば自明でした.さらに,うまく書かれた論文では,その著者が,単に,説明のこつを心得ているからというだけで,まずい論文よりアイデアがこみいっていないように思われることは多いのです.わかりきったことだというのは,論文を拒絶する理由にはなりません.正しい質問を初めてすること,または,質問を正しい方法ですることそのものが,本当の業績であるということもあります.つまり,問題の存在を気づくことなのです.既存のアイデアを新しい方法で構成したり,異なった枠組みのもとで示すこともまた,独創的な貢献です.

論文の正当性は,そのアイデアが,どれほど健全(sound)かを示します.

28:原注. Ian Parberry: A guide for new referees in theoretical computer science, *ACM SIGACT News*, **20**(4): 92-109, 1989 参照.

提案が成り立つと直観的にしか主張していない論文は，正当性を欠きます．よい科学には，ほかの科学者が検証できる形での正しさ（correctness）の証明が必要です．第8章で述べたように，これには，普通，証明，分析，モデル，シミュレーション，実験，または，できればこれらの方法の複数組み合わせが用いられ，さらに，現存のアイデアとの比較が行われます．

とくに，アルゴリズムの分野では，証明と解析が提案の価値を示す方法として受け入れられています．理論と数学的解析が計算機科学の礎石です．コンピュータ技術は短命ですが，理論的結果は永遠です．しかし，その永久性には確信が必要です．信頼できない分析には価値がありません．だから，実験研究の論文も貢献があるのです．実験が十分価値あるためには，調べられていなかった振舞いを試験したり，または，「知られた」結果に矛盾をもたらさなければなりません．

正当性を示すのに，理論を用いようと実験を用いようと，それは厳密でなければなりません．徹底的に検証できるように，注意深く書いてください．アルゴリズムを試験する実験は，実装がよいものでなければなりません．対象群の統計試験を使う実験では，十分な個数の標本と適切な統制群を使わねばなりません．現存の研究との比較は，妥当性の主張において重要な位置を占めます．たとえば，現存のアルゴリズムより性能の劣る新しいアルゴリズムの意義は，まず認められないでしょう．

論文の評価

IEEEの論文誌諮問委員会[29]によれば，「査読者が論文の受理を推薦するとき，査読者は，技術的内容の正確さ，独創性，従来の研究成果への正当な言及がなされていることを，自分の能力の及ぶ範囲で保証する」とあります．査読者は，どれかの点で論文が十分な基準に達していないなら，受理を推薦するべきではありません．責任は査読者にあります．論文の質を保証できない査読者は，そのことを警告せずに受理を推薦してはいけません．

評価過程は次のような質問に答えることです．

29：原注 "Referee ethics", Resolution of the Transactions Advisory Committee of the IEEE Computer Society, June 1991.

- 貢献はあるか．意義のあるものか．
- その貢献は興味深いか．
- その貢献は，時機を得たものか，それとも，過去になってしまうようなものか．
- 話題は読者の関心をそそるか．
- 結果は正しいか．
- 提案と結果は批判的に分析されているか．
- 適切な結論が，結果から導き出されているか．ほかの解釈はないか．
- 技術的な詳細は，すべて正しいか．目的にかなっているか．
- 結果は検証可能か．
- 重大な曖昧さや矛盾はないか．
- 何か抜けていないか．どうすれば提示が完璧になるか．不必要な題材はないか．
- 読者はどのくらい広範囲か．
- 論文は理解できるか．明確に書かれているか．表現は十分な標準に達しているか．
- 内容は長さに見合ったものか．

これらのうち，貢献度こそがもっとも重要な要素であり，価値判断を要求します．一連の粗末な論文を査読しなければならないことがめずらしいことではありませんが，長期展望を保持するよう努めてください．

批判的な分析の存在もまた重要です．著者は正確に，研究の強みと弱み，および意味を示すべきであり，研究の問題や欠点を無視してはなりません．結果が公正に述べられていれば，その結果は容易に信頼できます．

ほとんどの論文には，明示的か隠れているかはともかく，真実だと主張している仮説や提案，あるいは発明があります．仮説が何かを確認してください．どれが仮説かわからなければ，おそらく，どこか悪いところがあります．もし仮説をみつけたら，論文のすべてが仮説に関連するかどうか，重要な素材が落ちていないかどうか認識するのに役立ちます．

論文の質が文献表に反映することもあります．たとえば，参考文献は，いくつあるかです．これは，粗っぽい，おおよそのものさしですが，効果的なことがあります．研究問題によっては，2，3編しか関連論文がないことがあります．これは例外的です．2，3編しか参考文献をのせないのは，学識の貧しさ

の証拠かもしれません．参考文献の多くが著者によるものなら，そのうちのいくつかは余計かもしれません．参考文献の1つか2つだけが，最近のものだとしたら，独創性を確信できるでしょうか．著者は，ほかの人の研究を知らないように思えます．同じように，主要な論文誌や学会への参照がない論文には，疑いをもってください．また，参考文献によっては，ほかよりもっと速く時代遅れになります．ほとんどの技術報告は，準備中の仕事を述べており，査読はありません．技術報告が，どこかで発表すべく受理されたなら，引用は査読版にしなければなりません．当然の結果として，古い日づけの技術報告は，ずっと受理されなかった，長所のはっきりしない論文であることが多く，参照すべきではありません．

ときには，非常に不完全な論文が提出されます．関連文献を探す努力がまったくなされていない，証明はおおざっぱに述べてあるだけ，明らかに校正されていない，極端な場合には，基本的なアイデアの輪郭しか書かれていない，などです．このような論文は，受理されるなどは期待せず，様子を探っているだけなのでしょう．著者は，正当性を証明する手間をかけずに，アイデアが自分のものであることを示したいのです．あるいは，研究にうんざりして，自分で手間をかけてなかった細かい点を，査読者が補ってくれるのではないかと思っています．このような論文には，緻密な評価を受ける資格がありません．しかしながら，せっかちに，この範疇だと判定してはなりません．

査読者は少なくとも，初歩的な間違いを探さねばなりません．研究の質には影響しないが，印刷の前に訂正すべき誤りをさがします．綴りや文法，英語での表現，文献表の誤り，すべての概念と用語が定義され説明されているかどうか，数式や数学の誤り，変数の名前から表の配置，文献表の書式に至るまで矛盾はないかなどです．

ささいな誤りが，受理不能な深刻な欠点になることもあります．たとえば，数式の印刷上の誤りは，予想できますが，添え字が混乱していたり，表記がころころ変わるのは，著者が十分に結果を検討しなかった証拠になります．

似たような議論が，文の表現にも当てはまります．ある程度までは，好ましくはないのですが，よく書けていない論文も受理されなければなりません．しかし，本当に表現ができていないとしたら，これは拒絶理由として十分です．論文は，読まれなければ価値がないからです．しかし，逆は成り立たないことに気をつけてください．表現が卓越していることは，受理の理由にはなりえま

せん．結果の発展に本当に配慮をみせているが，既存の論文を書き換えたにすぎない，うまく書かれた論文を，査読者は受け取ることがあります．このような論文は，残念ながら拒絶されねばなりません．

　むずかしいのは，ただちに拒絶するか，それとも主要な変更後の再提出を薦めるかのどちらにするかです．後者は，ある程度の作業で，その論文が受理できる基準に達することを意味します．これを，著者の気持ちを忖度した，実際には変更不可能なことを要求するという，「やんわりとした拒絶（soft reject）」に使ってはなりません．これは，おそらく，もう何回かの審査の後，結果的に受理する結果になるのが普通です．受理基準に達するのには，かなりの研究や書き換えが必要なら，拒絶するのが適切です．この判決は，ほかの方法で，著者にとって受け入れやすくすることができます．たとえば，指摘した問題を解決した後で，論文を再提出するよう示唆すればよいのです．

　この査読方式（peer review system）の結果として，活発な研究者は，提出論文数の2倍か3倍（共著の場合は若干少なめ）の論文を査読する羽目になり，格別の理由がない限りは査読を断れません．その分野の本当の専門家である実力のある評者がいない論文が多いので，論文の判断に自信のないときでさえ査読を頼まれることがあります．しかし，査読者としての自分の限界は常に述べてください．たとえば，その分野の文献になじみがないとか，証明が正確であるか確かめられないことは率直に述べるべきです．つまり，自分の無知は認めねばなりません．

査読報告

　論文の査読には，2つの目的があります．明らかなのは，論文を出版するかどうか決定するために，編集者が使うことです．これと同じように重要なのによく見落とされる隠れた目的は，著者へのコメントを通して，科学者の間で専門知識を分け合うことです．Donald Knuth は，『査読者へのヒント』[17] で，「査読の目標は，公表された論文の質を高く維持するとともに，著者がよりよい論文を将来書けるよう助けることである」と書いています．

　査読報告には，著者へのコメント以外にも，論文が受理されるかどうか決めるのに使われる，ある基準に基づいた点数なども含まれますが，論文の著者が価値を認めるのは，著者へのコメントです．査読報告は，論文について，十分

な水準にあるかどうか，その弱点は何かなど，何らかの判断を下すべきです．つまり，報告は，その論文が公表するに値するかどうかを説明する，分析報告です．査読報告自体を評価するには，次の2つの基準が主となります．

- 論文に対する採否の論証は納得できるものか．

  論文の受理を推薦するときには，編集者が，それが十分な基準に達していると納得させられねばなりません．論文の詳細まで論議をしていない，手短で，表面的なコメントは，論文が注意深く査読されていないのではないかという疑いを引き起こすだけです．論文採用を支持する報告は，論文の要約だけですましてはなりません．貢献は何かという明快な論述を含んでいなければなりません．

  論文の拒絶を推薦するときには，欠点について明確な説明をすべきです．たとえば，独創性がないとか，既に同じ研究がなされているということを参照も説明もなしに述べるのは受け入れられません．論文の著者がこのような主張を証拠もなしに信じるわけがありません．研究発表まで，かなりの研究をしてきたのですから，ほとんどの著者は，2, 3の拒絶コメントで論文出版をあきらめるようなことはないでしょう．代わりに，何も手を加えずに，ほかのどこかに再提出するだけです．

- 著者への十分な指導があるか

  論文の受理を推薦するときに，査読者は欠点を直し，技術的ならびに文体上，論文を改善するのに必要なすべての変更点を述べるべきです．査読者が改善点を指摘しないで，ほかのだれがするでしょうか．

  論文の拒絶を推薦するときには，査読者は，著者が次に何をするかを考えるべきです．すなわち，よりよい論文を書く方向へどう進めるかです．2つの場合があります．1つは，もう少し努力すれば受理される部分が，論文にある場合です．査読者は，その部分を強調し，少なくとも一般的な言葉で，どう論文を変え改良すべきかを説明すべきです．もう1つは，何1つとして認めるべきものがない場合です．そのときは，査読者が著者に，なぜ，その結論に達したか説明すべきです．査読者は，表現上の欠点のゆえに，価値のある材料が含まれていることを見逃すことがよくあるのです．著者に向かって，自分の仕事が重要かどうかをどう判断するか説明するのは助けとなります．

これらの基準をなぜ守るべきかには多くの理由があります．科学者の世界

は，協同作業の精神そのものを誇りとしています．つまり，査読者は，ほかの研究者が論文を改良するのを手伝うべきだという精神です．質の悪い査読報告は，査読者の労力を省いていますが，研究者の世界全体として作業を増やしているのです．論文の欠陥を十分に説明しないと，その論文が再提出されたときに，同じ欠陥がなおも存在し続けます．何よりも，質の悪い査読は自己増殖するものですし，科学の基準に照らしてよくないものです．ほかの人の仕事をきちんとチェックしない習慣をつくり出し，最終的に，発表された研究の信用を貶めます．

　受理を薦める報告では，査読者が印刷の前に論文を調べる最後の専門家であり，誤りを訂正する機会がほかにありません．綴りや句読点のようなわかりやすい間違いだけが，後で処理されます．そこで，査読者には，その論文が本当に正しいかどうか注意深く検査する義務が生じます．数式の間違い，証明の論理的間違い，ありえない実験結果，関係書目の問題，インチキなおおげさな主張，重要な情報の脱落，無関係な文章の挿入などをチェックしなければなりません．

　拒絶や大幅な訂正を薦める報告では，論文に，ある種の大きな間違いがあるので，きめこまかいチェックは，それほど重要ではありません．それにもかかわらず，いくつかの箇所については，訂正，再提出の繰り返しを防ぐために，ある程度注意を払うことが重要です．論文への具体的で明確な指導や改善は，常に大歓迎です．

　論文の第1印象は，間違いのもとです．私の査読では，論文を読み，余白にメモし，それから，論文を受理するかどうか決め，著者へのコメントを書きます．しかし，その最後の段階で，自分の意見がときにはまったく変わることがよくあります．たいしたことのないようにみえた問題が，とんでもない欠陥だということが露呈してきたり，論文の深さが明らかになり，思っていたより，はるかに意義深い論文であることがわかることがあります．教訓としては，査読者は常に心変わりする覚悟をし，1点だけで判断を停止すべきではないということです．

　もう1つの教訓は，認めることが，否定することと同じく重要だということです．査読報告は，建設的であるべきです．たとえば，査読の過程で，著者のために論文を匿名で手直しすることができます．査読は，あまりにも手軽に，あら探しになっていることがよくあります．しかし，どの部分が悪いかだけで

なく，論文のどの面がよいのかを著者が学ぶことに値打ちがあるのです．よい面は，題材を組み立て直す基盤をつくるのですから，報告で強調してください．まったく貢献がないと思われる論文の場合でさえ，この評価が正しいかどうかを，著者自身確認するのに役に立ちます．いかに粗末であれ，どんな論文にもコメントされる側面があるものです．

査読者は，その文献が無理なく手に入る限りは，見落とされたかもしれない，自明な，あるいは重要な文献を提供すべきですが，不必要な論文を探させてはいけません．技術報告のような入手不能な文献を指摘するのは控えるべきです．受理を薦める査読者は，その論文の内容が新しいことの証拠となる文献について，知識をもち，必要なら推薦する必要があります．

査読者は，少なくとも礼儀正しくなければなりません．いら立つ，または，間違った考えの論文を評価するときには，この規則を破りたい気持ちにかられ，ときには，ひいきをしたり，皮肉をいったり，はっきりと侮辱したいこともあるでしょう．しかし，そのようなコメントは受け入れられるものではありません．

査読報告によっては，著者には伝えない極秘コメントの欄をとってあるものもあります．報告のある側面を強調するためにそれを用いることができます．あるいは，編集者が点数を要求している場合に，受理すべきかどうかを明らかに述べるために使うことができます．しかしながら，著者は自分にわからないコメントから自分を守る機会をもたないので，著者の目に触れる批評に加えて，さらに批評を加えるのは適切ではありません．

要約すると，論文を受理するときには，次のことに注意しましょう．

- 重大な欠点がないことを確認する．
- その独創性，妥当性，および明確さの理由を編集者に説明して，論文が受理基準を満たしていることを納得してもらう．
- 印刷する前に，変更すべき点を，重大なものも些細なものも列挙する．可能なら，何を変更するかだけでなく，どんなふうに変えるべきかを示すことで，著者を助ける．（しかし，ある種の誤りが多すぎるなら，いくつかの例をもち出し，論文をきちんと校正するよう薦める．）
- 数式，公式，関係書目のような細かい部分をチェックする際には，十分気をつける．

論文を拒絶するか，手を加えてから再提出することを薦めるときには，次の

ことに注意してください．
- 欠陥を明確に説明し，可能なら，どう手直しすべきかを述べる．
- 論文のどの部分に価値があるか，どこを削るべきかを示す．つまり，何に貢献度があると考えるかを論じる．
- 不注意や考え違いが多すぎるのでないなら，ある程度細かいところまで論文をチェックする．

どちらの場合でも，次のことには気をつけましょう．
- 著者が知っているべきすぐれた参考文献を述べる．
- コメントが公正か，具体的か，礼儀正しいかを自問する．
- 論文査読者としての自分の限界について，正直になる．
- 提出前に，自分の論文を検査するのと同じくらい注意深く査読報告を調べる．

倫 理 観

　研究者は，利害が関係しそうな場合や，査読者としての客観性を維持するのがむずかしそうな場合には，論文を査読すべきではありません．あるいは，査読者が客観性を維持できないのではないかと，ほかの人が考えるだろうと思われる場合にも査読を引き受けるべきではありません．例としては，次のような著者の論文の場合に引き受けるべきではありません．査読者と同じ学部の著者，指導者，学生，または，共著者，個人的または雇用関係だけでなく，役職をめぐる競争関係のような状況を含めて，最近，親密な交流のあった著者などです．このような場合，査読者は編集者に論文を返し理由を説明すべきです．論文がすぐ返されたなら，編集者は，代わりの査読者を提案され，すばやく処理してくれたことに感謝するものです．
　著者の意見が自分の意見と大いに矛盾する場合にも客観性を維持するのはむずかしいでしょう．公正になるようあらゆる努力をしなければなりません．もしできそうになければ，代わりの査読者を探してください．また，評価はその論文だけに基づくべきです．どちらにしても，著者やその組織に評価が左右されてはいけません．
　もう1つの倫理的問題は，秘密を守ることについてです．論文は極秘の状態

で提出されるので，公表されたものにはなっていません．査読過程の一部として以外には，提出された論文を同僚にみせてはいけません．査読者自身の研究に使ってもいけません．実際には，灰色の領域があります．査読論文から学ばないということはありえません．また，みなさん自身の研究への影響を無視することも不可能です．それでも，論文の秘密を守ることは，大切です．

第11章

短い講演

> 会員は，講演において親密，率直，自然な話し方を使うべし．自然な表現，積極的な表現，明確な意味を与え，本来の素直さですべての事柄を数学的な平明さにできる限り近いものにすること．
> 　　　　　　トマス・スプラット主教『英国学士院の歴史』

> あなたは，寛大で実り豊かな心をおもちですから，何を話すべきかは，何を話さずにおくべきかほどには苦労しないでおわかりになることでしょう．豊かな土壌には，ともすると雑草が生えるものです．
> 　　　　　　フランシス・ベーコン「コークへの手紙」

　科学者は，自分の研究について短い講演をたびたびしなければなりません．講演が成功するかどうかは，ある程度まで，講演者の技術と聴衆の興味という要因にかかっていますが，念を入れた準備や落とし穴をよく承知していれば防げる問題がたくさんあります．短い講演が，この章の話題です．ほかに考えられる参考書には，Maeve O'Connor の *Writing Successfully in Science* [19]，Carole M. Mablekos の *Presentations That Work* [18] があります．

　論文とは対照的に，講演では，聴衆がつごうのよいときに念入りに調べることのできる永久記録が残りません．講演では，論文では受け入れられない不正確さや一般化が許されますが，その一方で，明らかな間違い，あるいは，まだ正当化されていない正確な議論がその場で批判される可能性があります．論文に不可欠な詳細は，講演ではあまり価値をもちません．そこで講演では，構成と発表のための原則が，論文とはまったく異なります．

　短い講演とは，一般に 30 分か 1 時間以下のものをいいます．この章の要点には，講義のようなほかの発表には応用できないものも含まれます．講義では，注意深い説明や細かい点がより重要となりますが，一方で，タイミングのようなほかの面の重要性が減ります．

内　　容

　講演準備の第1段階は，どこまで話すかを決定することです．講演は普通，論文に基づいていますが，ほとんどの論文は，短い講演で伝えられるよりはるかに詳しい内容を保持しています．何をどれだけの量だけ選ぶかは，利用できる時間だけでなく，聴衆の専門性の程度にかかっています．通常，論文は専門化されていますが，聴衆は幅広いことが多く，その分野になじみさえないかもしれません．そこで，結論へと話を進める前に，基本概念を紹介しておくことが必要でしょう．

　話を組み立てるときには，私はただ1つの主要目標を選ぶことから始めます．それは，聴衆が学ぶ考えもしくは結果です．それから，結論を理解するには，どんな情報が必要かを考えます．この情報は，根っこにある結論に到達する概念鎖が枝となる，木の形態をとります．話をまとめる苦労の多くは，この情報の木を刈り込むことによって，聴衆に合わせ，聞き手が覚えるべき本質的な事柄を煮詰めることです．

　講演を書くもう1つのやり方は，「無批判的なブレーンストーミングと批判的な選択」です．（これは論文を書く場合にも当てはまります．）　第1段階では，聴衆に価値のあるアイデアや要点のすべてを書き留めます．つまり，話さなければならないあらゆる話題をメモします．この最初の段階では，要点を批判しないことが助けになります．書きながら疑問をもつのは，ブレーンストーミングを妨げるからです．この段階では，たとえば10分のような時間制限を設けるのがよいでしょう．第2段階では，重要な点を批判的に選び出し，順番にならべて話をまとめます．この段階では，厳しく判断すべきです．そうでないと，題材が盛だくさんになりすぎます．話は無駄がなく，ゆとりがあるのがよく，詰め込んだせわしいものはいけません．

　話は，複雑な考えを伝えるためであっても，わかりやすくしてください．聴衆に何を話したいかを自問するのではなく，主要な結論を理解してもらうのに必要なことは何かを自問してください．話の各部分を含めるのには，論理的な理由があるべきです．細かいところは，結果を理解してもらうのに必要最低限にします．付加的な詳細はやめます．理解しにくい詳細は，絶対やめてください．聞き手が，話についていけないと1度でも感じたら，迷子のおいてきぼり

になってしまうでしょう．

　多くの人が話している題材のうちで，やめたほうがよいのは，データ構造の内部，理論の証明（聴衆に長い論理段階を踏ませるのは，とくにひどいことです），実装の詳細，専門的な問題，あるいは，ごくわずかな専門家の興味を引くだけの情報といった，わずらわしい細かいことがらです．もちろん，このような題材が必要な場合もあります．たとえば，伝えるべきことが証明そのものであったり，定理が突拍子もなくて，証明やその概要が，懐疑論者を納得させるのに必要な場合です．しかし，大まかにいって，結果全体を理解するのに不必要な複雑な題材がない方が，聴衆は楽しいのです．

　ある種の題材，とくに抽象的な理論は味気なく，興味を引くやり方でしゃべるのはむずかしいものです．研究をただ論ずるよりも，結果とより広い研究分野との関連性を説明してください．そのプロジェクトがなぜ研究する価値があるのか，関連する研究に及ぼす影響を説明してください．興味をもった聞き手は後で論文を読むでしょう．

　割り当てられた時間に，あまりたくさんの題材を詰め込まないでください．また，考えをよく説明せず，あわてて話を急がないでください．時間を超えると，聴衆はいらいらし，次に続く講演者の時間が減ってしまいます．ありがたいとは思ってくれません．

構　　　成

　講演と論文との重要な違いは，講演が本来直線的だということです．論文の読者は，論文を読み進めたり，戻ったり，一時は，論文を脇において，休むことができます．しかし，講演では，聴衆は話し手のペースに合わせて学ばなければならず，以前に述べられた題材をみることができません．講演は，この拘束のなかで考えねばなりません．標準的な構成は，ただ1つの要点に聴衆を導くよう，順に段階を踏むことです．おおざっぱにいえば，次のような構成になります．主題，予備知識，実験または結果，結論および結果の意義．

　この構成には，落とし穴がないとはいえません．とくに，予備知識の関連性が明らかになるよう，気をつけてください．無関係と思える話題をなぜ論じているのかと，聴衆が不思議に思うようでは，聴衆の興味を失ってしまいます．構成がどうであれ，話題すべてに関連性があり，論理的順序でつながっている

ようにしてください．

　話に論理的構成があるだけでは不十分です．それが聴衆に明らかでなければなりません．"I previously showed you that …", "I will shortly demonstrate that … but first I must explain …" というようないい方をして，今の話題が，講演のほかの部分とどう関連づけられるかを示してください．話題を変えるときには，聴衆に話したはずのことを要約してください．そして，次の新しい話題の，話全体の中での役割を説明してください．要点を理解するのに知らなければならない題材と，重要でないか，たまたま出た題材とを区別してください．重要な詳細をとばしたら，そう述べてください．

　とくに短い話では，時間調整をうまくやることが困難です．話の実際のペースが予想どおりにはいきません．話をとぎらさずに，必要なら省略でき，時間が許すならそのまま含められる題材を，最後にもってくるよう話を構成すると役に立ちます．

導　入　部

　うまく始めましょう．話者と話題についての聴衆の意見は，すぐに決まります．第1印象が悪いと，それを消すのは困難です．はじめの1言2言で，おもしろい話だとわからせましょう．驚くべき主張，よく知られた直感的な解が間違っているとか，あるいは，なぜ，取り上げた問題が実用的な意義をもつのかなどを示してください．

　話の構成の輪郭を示します．しかし，構成の輪郭そのものを話し始めてはいけません．まず，目標が明確になるよう話してください．つまり，行き着こうとするところを説明してから，どう目標に行き着くかを説明してください．

> × "This talk is about new graph data structures. I'll begin by explaining graph theory and show some data structures for representing graphs. Then I'll talk about existing algorithms for graphs, then I'll show my new algorithms, and then show why they are useful for some practical graph traversal problems."

これは導入としてまずいだけでなく，輪郭の構成もよくありません．（もっとも，この例では，文体について批評しているのではないことに注意してください．読みやすいように句読点をうった典型的な講演者というのが私の印象で

結論　143

す．）もっとよい導入部は，次のとおりです．おもしろい題材を，もっと早めに述べています．

- ○ "This talk is about new graph data structures. There are many practical problems that can be solved by graph methods, such as the travelling salesman problem, where good solutions can be found with reasonable complexity so long as an optimal solution isn't needed. But even these solutions are slow if the wrong data structures are used. I'll begin by explaining approximate solutions to the salesman problem and showing why existing data structures aren't ideal, then I'll explain my new data structures and show how to use them to speed up the travelling salesman algorithms."

小話や逸話を枕にして，問題解決の必要性を動機づけたり，問題が解決されないと，どうなるかを説明する人もいます．おもしろい話ができたら結構なことです．たとえば，時間割の自動的生成についての講演は，ある大学での時間割問題についての逸話で始まりました．コンピュータを使わなければ，複数学部にまたがった既存科目による新しい学位のための時間割の作成には，200年かかるだろうという予測をおもしろく話していました．しかし，経験があり，それが受けるという確信がなければ，絶対におかしな話をしようとはしないようにしてください．

導入部なしに，講演を始めてはいけません．驚くべきことに，話し手は自分がだれなのかをいい忘れることが多いものです．スライドに題目，講演者の氏名，共著者名，所属を示しましょう．複数著者の場合には，自分がだれかを聴衆がわかるようにしてください．

結　論

話はすっきりと終わらせましょう．ただ何となく終わらせたのではいけません．

- × "So the output of the algorithm is always positive. Yes, that's about all I wanted to say, except that there is an implementation but it's not currently working. That's all."

話の終わりをはっきりと示してください．最後の数分を使って，聴衆に覚えておいてほしい要点やアイデアの復習をし，今後の研究や進行中の研究を紹介しておきます．予測や，実践上の変更，あるいは何らかの判断を下すような，強

い調子のことがらを話すように考えておきましょう．もちろん，それは論理的な結果として生じなければなりません．

準　　備

　私が大学院生のときには，講演の準備として最良の方法は，講演のすべてを書き出しておくことであり，その理論では，もし行き詰まったら，メモを読み上げればよいという助言を受けました．これは，ひどい助言でした．流れるようにしゃべれる文章を書くことは，ほんのわずかの人にしかできません．書いた文章は堅苦しくて，正しい抑揚や強調を準備できるほど，先読みもできません．おまけに，メモを読んでいたのでは，聴衆と目を合わせられません．書き言葉と話し言葉では，単語まで違います．たとえば，話し言葉では，"don't"，"shall"，"which" というところで，書き言葉では，"do not"，"will"，"that" となります．

　台本ではなく，論点を思い出すものとして使うなら，メモも役に立ちます．しゃべっている間に読みやすいよう大きな活字で，単語を2つか3つで要点をメモしておくのがよいでしょう．

　講演のリハーサルは何度もやって，適切な言葉が適切な時期に出てくるようにします．自然にみえるようにしたいでしょうが，それには練習が必要です．くだけた話し方は，いい加減な準備ではできません．徹底的に準備し，自信をもてて初めて，リラックスして話ができるのです．しかし，講演をスピーチとして丸暗記してはいけません．何をいうかは決めておかねばなりませんが，それをどういうのか1語1語決めてはいけません．暗記したのでは，朗読と同じように堅苦しく聞こえますし，とくに，言葉を正確に思い出そうとすると，詰まるものです．

　講演の時間を計っておき，5分経ったとき，10分経ったときなどに，何を話すつもりかをメモしておくと，時間どおり話しを終えるのに役立ちます．鏡の前やテープにとって練習するのが効果的です．使用する装置には，前もって馴れておきましょう．たとえば，プロジェクターの電源の入れ方，焦点の合わせ方です．最後に，だれかに感想を聞かせてもらい，忠告に耳をかたむけましょう．結局，1人でも何かを嫌う人がいるなら，ほかにも同じような人がいるものです．

スライド

　オーバーヘッドプロジェクター用の透明の用紙は，スライド，フォイル (foil)，ビューグラフ (viewgraph) とも呼ばれますが，聴衆の注意を集めるために使われます．コンピュータの画面をプロジェクタで映すこともあります．文章と図という2種類の題材が表示されます．文章は話の構成を示し，グラフ，図式，表は，結果を示すか要点を説明します．

　スライドには見出しをつけ，その1枚でだいたいわかるようにします．聴衆が，複雑な詳細やほかで説明した記号を覚えているものと期待してはいけません．スライドの枚数は，講演1分につき1枚を目安にします．少なすぎると間が抜け，多すぎると目がまわります．スライドを早く切り替えなければならないような構成は誤りです．重要な情報を繰り返すようにしてください．たとえば，まず，アルゴリズム全体を示す．次に，段階ごとに例を示すスライドをみせていきます．必要なら，ホワイトボードや，もう1台別のプロジェクターを使ってください．

　話を進めながら，スライドやホワイトボードに，少しずつ書くように準備してください．たとえば，図式を話の進展とともに変えてみてください．これは，変化を表すスライドを多数使うより，すぐれています．スライドの用紙には，次に何がくるかわかりやすいように紙を間に挟みます．使い終わったスライドの順番は揃えておきましょう．以前のスライドに戻る必要が生じたときにも，みつけるのが簡単です．

　いくつかの例を，本章末尾に載せます．この例は，縦長の portrait 形式です．横長の landscape 形式もあります．縦長より，プロジェクターによる映像のゆがみが少なく，焦点を合わせやすいという利点があります．

文章のスライド

　文章によるスライドは，構造と文脈を提供します．通常，箇条書きで，短文による伝えたい情報の要約です．聴衆は，全箇条を論じてくれるものと期待します．スライドの文章を聴衆にむかって読み上げないように．みなさんがしゃべるより速く読めるので，耳に入りません．箇条書きは，論点であり，内容そ

のものである必要はありません．

スライドに変な英語を使う人もいます．

× Coding technique log-based, integer codes.

手短であっても，意味が通るようにしてください．

○ The coding technique is logarithmic but yields integer codes.

スライドの例の図5と6（それぞれ154, 155ページ）には，ほかの例も載せています．

変数のすべてを説明し，数式はできる限り簡略化してください．論文では，変数の説明は役に立つだけですが，講演の中では，変数の説明は不可欠です．聴衆が，以前のスライドから思い出さなければない情報量は，とくに細かい事柄は，最小限にしてください．

スライドを文章で埋め尽くしてはいけません．図6（155ページ）の例は，スライドに載せられる文章の限度を示し，図3（152ページ）は，書きすぎてしまった例を示します．大きなフォントを使い，余白をたくさんとります．大文字は，少なくとも4mmの高さにしてください．行替えで，単語を区切らないようにしてください．配置は単純にします．枠や影，ハッチングや陰影など芸術的に手をくわえることは，最小限度にしてください．

図

図とグラフは，アイデアを理解しやすくします．図は単純でなければなりません．よけいなことを最小限にして，概念や結果を説明します．混み合った図は迫力がありません．必要ない限り，表は使わないように．理解しにくいからです．

講演の場合に，論文の図を使うのは，適切とはいえません．細かいところがみえません．論文では，暇なときにじっくり図をみることができますが，講演では時間が限られています．講演の話し手が，図の一部を自由に指摘でき，付け加えていくことができるということは，図をまったく別に構成した方がよいということです．もっとも重要なことは，講演の場合には，図に色が使えることです．たとえば，文の色を変えて，事柄の順序を示すことができます．あるいは，種類ごとに異なる色を使えます．または，結果に関連する過程を，どうたどるのかを色で示すことができます．濃淡をつけても，このような効果を出

せますが，あまりよくはありません．(論文であれスライドであれ) 濃淡の違いは，複写すると消えてしまいます．

すべてに，少なくとも種類に対しては，ラベルをつけましょう．文字は大きさを調べてください．少なくとも4mmの高さにします．ラベルは，聴衆にとって，意味があるようにします．ある題材を省略したなら，図からもそれに対応するものを省略してください．図を調べるときには，次のようなことを自問します．肝心な要点を説明しているか．曖昧さがないように説明しているか．図だけで説明は十分か．ごたごたしていないか．文章は読みやすいか．グラフの軸を除いて，文章は横書きになっているか．

スピーチ

題材をそろえることは，講演を成功させる1つの要因にすぎません．もう1つの成功要因は，講演のやり方です．上手にしゃべる，スライドをうまく使う，聴衆を捕まえるということです．

明らかなのは，明瞭にしゃべらなければならないということです．叫ばないでも，十分な音量を出し，声を通らせるのに役立つ簡単な手段があります．声の自然な調子を使うことです．水泳のときのように空気を飲み込むのではなく，胸の底にゆっくりと吸い込みます．普通の会話より少しゆっくりとしゃべってください．3分間に約500語が適切です．子音を軽く強調する習慣は，少し聴力に障害のある聴衆 (10%ぐらいいるはずです) にとくに役立ちます．頭を上げて，咽喉を締めつけないようにします．そして，聴衆に顔を向けてください．

話し方を考えましょう．速さや口調が単調にならないようにしてください．ときどき間をとりましょう．とくに，聴衆に考えてほしいことがらを述べたときには，一呼吸入れます．"um" とか "I mean ..." のような雑音で間を埋めるのではなく，間をとった方がよいのです．

また，性格も考えましょう．話し手として，真剣に受け取ってもらいたいでしょうが，これは，寛いで生き生きと楽しそうに話せないということではありません．ペースや身振りについては，急な動きや不自然さを避け，しかも，固定しないようにします．変化をつけてください．ホワイトボードを使う．ときには，前に出てきて聴衆に話しかけるなどします．聴衆と頻繁に目を合わせる

ように[30]．何よりも，自分らしくしてください．偽りの姿を借りたり，背伸びをしないように．同時に，業績を傷つけないように．結果が重要でないとか，おもしろくないなどといってはいけません．また，「おもしろくない話でしょうが（the talk will be dull）」などと話し始めてはいけません．

人をいらいらさせる癖には気をつけてください．"Umming"（「えー」）や，ペース，おおげさな身振りについては，既に述べました．紙を使って（手を使うひどい人もいます）スライドの一部を隠しておき，話しながら，みせるのも悪い癖です．このやり方に多くの人が文句をいっています．（暗い会場ではとくに，プロジェクターを覆うと，まわりが暗くなります．）オーバーヘッドプロジェクター（OHP）を使っていて，スライドの題材を指し示すときには，スクリーンの上を指し示すよりも，OHPの用紙を指して下さい．スクリーン上の指示では，聴衆に背を向けるからです[31]．時計ははずすようにしてください．腕時計で時間を調べると，目につきます．プロジェクターの後ろに立って，顔がみえなくて，スクリーンに影が映るようではいけません．演技過剰，流行かぶれ，俗語，自分の冗談で笑うことなどはいけません．びくびくしたり，ぶつぶついったり，足元をみたり，よそみをしたり，手をもぞもぞ動かしたり，もじもじしたりするのもやめましょう．聴衆が読み終わる前に，スライドを替えるのもいけません．

緊張すると思ってください．アドレナリンが，よい話をするように助けてくれます．恐怖心へのいちばん有効な対処法は，1回か2回予行演習をすることです．できれば，親しい（そして厳しい）聞き手の前で練習してください．

聴　　衆

評価者や上司からなる聴衆の前に立つと，とくに，聴衆が静かだと，おじけづくかもしれません．しかし，沈黙はよい徴候です．それは，注意を向けているということです．あくびでさえ，必ずしも嘆かわしいことではありません．

30：原文は，eye contact. 日本でも，アイ・コンタクトで通じるようになっているかもしれませんが，いまだに，日本人は相手の目をじかにみることができないことが多いようです．欧米の講演では，eye contact は必須です．eye contact ができないのは，嘘を吐いているからだという感覚があるようです．
31：私は，逆のことを教わりました．聴衆に向かってスクリーンを指し示す方がよいという考え方もありそうです．

講演会場は，風通しが悪いものです．もっとも重要なことは，聴衆がみなさんの話を楽しみたいのだということを忘れないことです．態度は積極的に．人は，退屈な時間を過ごしたいと思って，話を聞きに来るのではありません．少しでも話がおもしろいと思えば，大歓迎です．この最初の好意に甘えるためには，いかにうまく話し始めるかがたいへん重要です．

　話がそれたら，巧みに処理してください．しつこく口を挟む人や，ほかの聴衆におかまいなく質問しすぎる人には，後で話しましょうと伝えてください．

質疑応答の時間

　講演の最後の質問の時間は，間違った解釈を正し，聞き手がさらに詳しく聞きたい点を十分満足させるのに使われます．5分か10分では，真剣な議論には短すぎます．答えを簡略化し，聴衆との討論を避けましょう．ほかのだれのためにもならないからです．その場で答えられない質問もあります．複雑すぎたり，質問者が基本的な事柄をわかっていなかったり，あるいは，みなさんが答を知らない場合などです．

　質問にはすべて，積極的に，正直に答えてください．わからないときは，決して知ったかぶりをしないでください．知ったかぶりは，愚かにみえます．わからないことは，率直に受け入れる方が，ずっとよいのです．聴衆に無作法であってはならないことと，質問に尊大であってはならないこととは同じくらい重要です．

スライドの例

図1：よいスライドではありません．原則として手書きでもよいのですが，この手書き（私の）はいけません．実際そうなのですが，不注意です．内容が熟慮されていません．未定義変数のヒントはありますが，図は役に立っていません．式の導出の中央部分は不要です．文章が曖昧すぎます．たとえば，"one per skip"は，何を意味するかヒントがありません．

Optimising Skips

How long should each skip be?

vector: [図] $|\leftarrow p \rightarrow|$

b accumulators $\Rightarrow$ searching for b values

Av. cost (assuming one per skip) is $\frac{p}{j} + \frac{bj}{2}$ so differentiating

$-\frac{p}{j^2} + \frac{b}{2} = 0$ is min

ie $j = \sqrt{\frac{2p}{b}}$

eg $b = 2,000$, $p = 100,000 \Rightarrow j = 10$
and the cost is $20,000$, or 20% of base

図2：前のスライドの修正です．これは，最小限度の修正を施したものです．これよりよいものをつくるには，最初からやり直すことです．

Optimizing skip length

Skip length j can be optimized for vector length p.

Assume that we are searching for b entries in a vector where $b \ll p$. Without skips the cost is $c = p$.

Average decoding cost (assuming one entry per skip) is
$$c' = \frac{p}{j} + \frac{bj}{2}$$
which is minimized when
$$j = \sqrt{2p/b}$$

Example: $b = 2\,000$, $p = 100\,000$.
Then $j = 10$ and the cost is $c' = 20\,000$.

図3：もう1つのまずい例です．フォントが小さすぎます．文字が多すぎて，話し手が要らないぐらいです．詳しすぎるのも問題です．式の番号は役に立ちません．式を後で参照するには，再度みせなければならないでしょうから．

Approximating number sets

One technique for coding a b-bit approximation of a set of numbers is as follows. Each number x is such that

$$L \leq x < U$$

for some positive lower bound L and upper bound U.
In practice $U = Max + \epsilon$ for some small ϵ.
For a base

$$B = (U/L)^{2^{-b}} \tag{1}$$

chosen so that

$$\log_B(U/L) = 2^b$$

the value

$$f(x) = \lfloor \log_B(x/L) \rfloor \tag{2}$$

will be integral in the range $0 \leq f(x) < 2^b$ and will require only b bits as a binary code.
If x is represented by code c, that is, $f(x) = c$, an approximation $\hat{x}$ to x can be computed as $\hat{x} = g(c + 0.5)$ where g is the inverse function

$$g(c) = L \times B^c \tag{3}$$

Each code value c corresponds to a range of values x:

$$g(c) \leq x < g(c+1)$$

図 4：前のスライドの修正です．詳しい部分は省き，もっとわかりやすい用語にしています．

Approximating number sets

Assume that each number x is such that

$$0 < L \leq x < U$$

In practice $U = Max + \epsilon$ for some small ϵ.

For a base $\quad B = (U/L)^{2^{-b}}$
any value $\quad c = f(x) = \lfloor \log_B(x/L) \rfloor$

is an integer in the range $0 \leq c < 2^b$.

The inverse function is

$$g(c) = L \times B^c$$

$c = f(x)$ corresponds to a range of x values:

$$g(c) \leq x < g(c+1)$$

図5：曖昧すぎます．話し手には，ほとんど役に立ちません．普通の英語になっていないので，理解が困難です．

Total access costs

Inverted file vocabulary disk-resident.

Small ($\approx$ 50 Kb) memory-resident index.

One access per term.

In total two per query term, two per answer.

Ordered disk accesses $\Rightarrow$ lower average cost.

図 6：前のスライドの修正版です．完璧な文に肉づけされ，情報が少し付け加えられています．スライドに許される，ほぼ最大限度の量です．

Total access costs

The vocabulary of the inverted file is on disk.

A small ($\approx$ 50 Kb) index to the vocabulary is in memory.

Only one disk access is required to the vocabulary, then a further access to fetch the inverted list.

Two accesses in total per query term, two per answer.

If the accesses to the vocabulary, lists, and answers are ordered, average costs are reduced.

図7：注意深く構成された図ですが，欠点だらけです．フォントが小さすぎ，線が薄すぎます．構成全体は，主に4つの要素に分けられ，おそらくはいちばん興味深いところなのに，詳細の方が強調されています．内部の詳細は，省略すべきです．

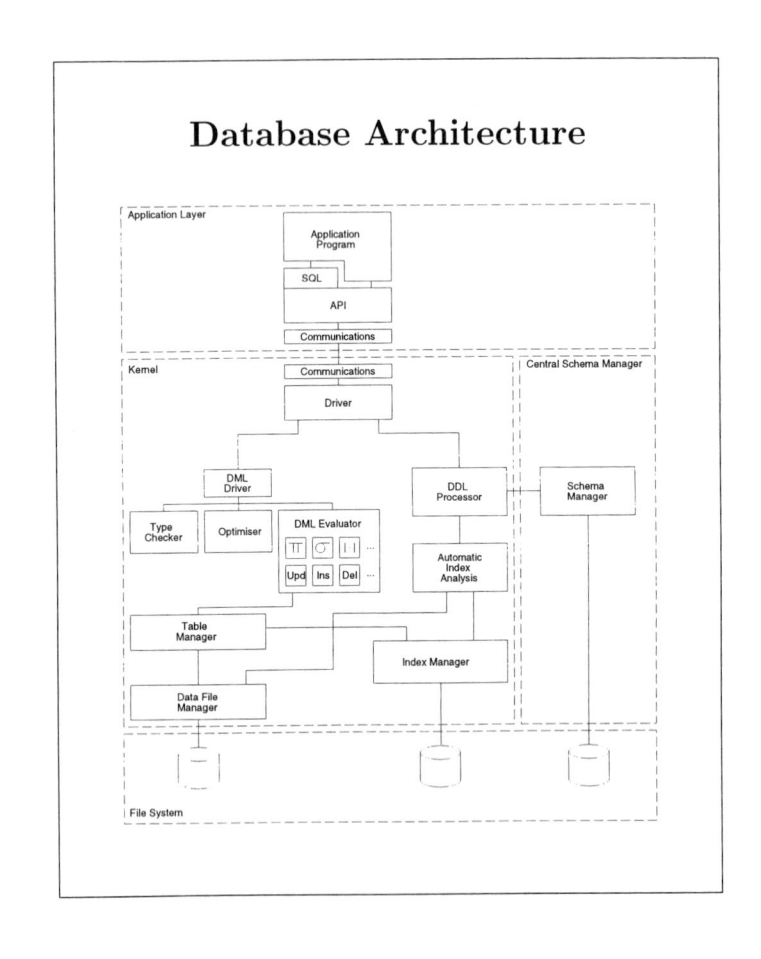

図8：前のスライドの修正版です．構成全体をはっきりさせ，詳細を省き，内部にあった箱も除きました．

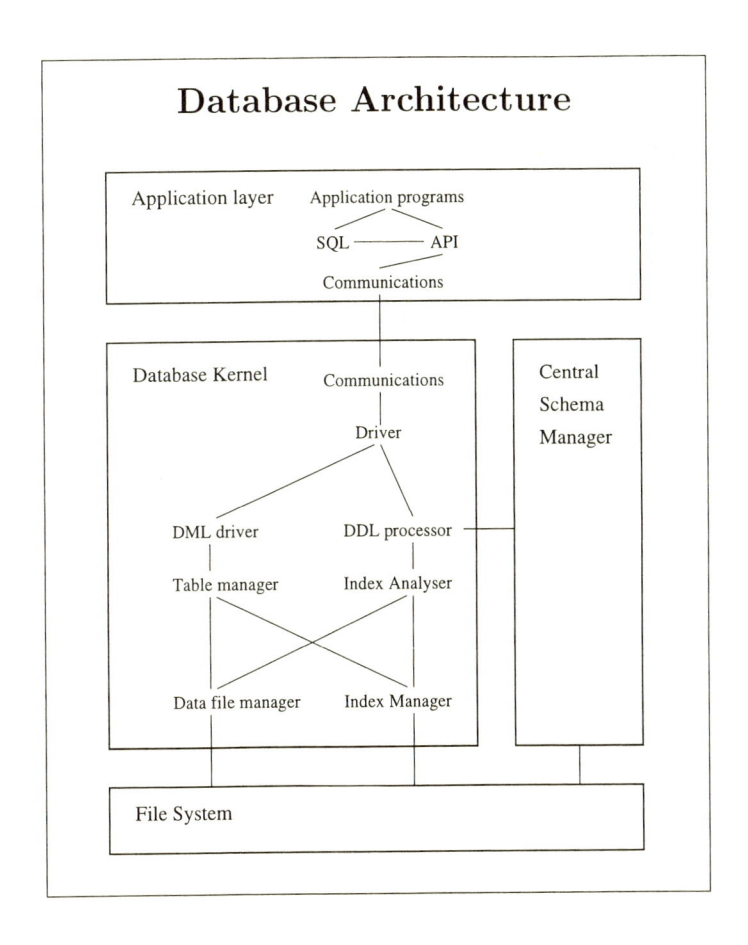

Database Architecture

Application layer
　Application programs
　　SQL ──── API
　　Communications

Database Kernel
　Communications
　　Driver
　DML driver　　DDL processor
　Table manager　Index Analyser
　Data file manager　Index Manager

Central Schema Manager

File System

図 9：ひどい表です．縦欄が混み合いすぎて，わかりにくいのです．数値がそろっていません．百分率の欄は，合計しても 100 にならない，怪しいデータです．詳細のすべてがおもしろいとは思えません．とくに，"Index map"，"Doc. lens"，"Appr. lens" の列は，"Other" にまとめるか，省略した方がよいでしょう．情報の一部は図にした方がよいでしょう．たとえば，各活動に費やされる時間の割合は円グラフの方がよいでしょう．

Results

Pass	Output	Size Mb	%	CPU Hr:Min	Mem Mb
Pass 1: Comp.	Model	4.2	0.2	2:37	25.6
Inversion	Vocab.	6.4	0.3	3:02	18.7
Overhead				0:19	2.5
Total		10.6	0.5	5:58	46.8
Pass 2: Comp.	Text	605.1	29.4	3:27	25.6
	Doc. map	2.8	0.1		
Inversion	Index	132.2	6.4	5:25	162.1
	Index map	2.1	0.1		
	Doc. lens	2.8	0.1		
	Appr. lens	0.7	0.0		
Overhead				0:23	2.5
Total		745.8	36.3	9:15	190.2
Overall		756.4	36.8	15:13	190.2

図 10：前の表の修正版です．百分率の欄は，1 行の説明文で置き換えました．"Output" 欄は削除しました．値のほとんどが小さくて重要でもなく，必要なら，話せばよいからです．欄を削って余白ができたので，縮小しなくてもよくなりました．

Results

Task	Size (Mb)	CPU (Hr:Min)	Memory (Mb)
Pass 1:			
Compression	4.2	2:37	25.6
Inversion	6.4	3:02	18.7
Overhead		0:19	2.5
Total	10.6	5:58	46.8
Pass 2:			
Compression	607.9	3:27	25.6
Inversion	137.8	5:25	162.1
Overhead		0:23	2.5
Total	745.8	9:15	190.2
Overall	756.4	15:13	190.2

The overall size of compressed index and text is 36.8% of the size of the indexed data.

第 12 章

演　　　習

　よい作文技術は，練習を通して獲得されます．努力して，新しい種類の題材を書き，より速く，よりよく書く能力を慎重に試すことにより，磨かれた文を容易につくり出せるようになります．以下に一連の演習問題を載せました．初心者だけでなく，経験のある書き手でも，実力を試し，技術を維持するのに役立ちます．

　問題の一部は，それだけで完結しています．とくに，自分の研究に関連した論文や文章を含めて，研究分野に適用すれば非常に役立つ演習もあります．教育者は，標準的な論文や文章を学生のために選ぶのがよいでしょう．

　これらの演習を完成するのには，かなりの努力を要します．2, 3分の暇で，1つか2つさっとできると期待してはいけません．じゃまの入らない自由な時間を，たとえば2時間ほどとってください．その時間内に演習を1つ仕上げることを目指してください．演習は，活動別におおまかに並べています．もし，いくつかを選ぶ場合には，注意してください．

1. 研究分野から論文を1つ選び，次の各質問に短く答えなさい．
   (a) 研究者は何を見つけ出そうとしていますか．
   (b) なぜ，その研究が重要なのですか．
   (c) 何が測定されていますか．
   (d) 結果はどうですか．
   (e) 著者はどういう結論で締めくくり，発見を何に帰着させていますか．
   (f) みなさんは，その発見を真実として受け入れますか．発見を支持するの

に使われている方法の欠点や欠陥をすべて論じてください．

(この質問は，単なる演習ではありません．読む論文すべてに，ある程度は同様の質問をすべきです．)

自分の意見をできるだけ注意して正当化してください．質問の答の一部として，提案した方法と得られた結果とをまとめてください．答は，自分自身で書いたものでなければならず，論文からの引用，書き抜き，説明ではいけません．

第10章の「論文の評価」で用いた質問を使って，論文を査定してください．

2. 論文を1つ（演習1と同じでも可）選んでください．構成と提示方法を批評します．
   (a) 順序は理にかなっていますか（節の順序，およびそのなかでの順序）．
   (b) 節はたがいにつながっていますか．
   (c) 論文の流れは適切ですか．重要な要素の動機づけと導入は正しく行われていますか．
   (d) 概観はどこにありますか．
   (e) 技術的でない導入がありますか．
   (f) 編集は注意して行われていますか．
   (g) 提示方法で改良の余地がありますか．

自分の批評に基づいて，受理するかどうかを含めた査読報告を書いてください．論文の要点すべてを論ずるよう気をつけてください．

論文の著者のつもりで，自分の査読報告を読んでください．書評は公正ですか，ひどいですか．

3. 論文誌によっては，ある主題について一連の論文を特集しています．同じような結果を述べている論文を2つ（あるいはそれ以上）選んで比べてください．論文の設計や構成は同じようですか．設計に相違点があるなら，どちらが

よいですか．

4．*Communications of the ACM* の論文には，技術的結果ではなく意見を交わすものがあります．たとえば，法律上の問題，倫理的問題，あるいは現場での実践について述べています．このような論文を選び，演習1の質問に答えてください．著者の意見を擁護するために使われている議論を注意深く分析し，正当化の主な段階を示してください．結論は十分に正当ですか．

5．*ACM Computing Surveys* から技術的内容の濃い論文を選んでください．このような概観を与える論文では，著者は，自分の研究を，その分野でのほかの研究と関係づけています．概観は公正なものですか．つまり，その研究分野で，偏見なしに現状を反映していますか．

6．新しい技術結果を述べている論文を論文誌から選んでください．（論文誌には会議録の論文を修正して注意深く書いた論文が掲載されています．） 論文の導入部だけを読み，残りを読まずに，次の課題をやってください．
  (a) 仮説を確認する．
  (b) 仮説を試験する適切な方法を提案する．
  (c) 論文の構成を，各節の見出しと内容を添えて提案する．
次に，自分の提案と論文の本文とを比較してください．違いがあれば，どちらがよいかを決めてください．著者は，みなさんよりも論文について考える時間があったはずですが，元の構成に問題はありませんか．

7．論文の一部，たとえば，導入部分を，要点を書き留めて，要約してください．メモをできる限り短くしてください．次に，原文をみないで，メモだけを使って，その部分を書き出してください．（Mary Claire van Leunen は，この演習をベンジャミン・フランクリンの発案としています．[17]）

8．計算機科学に関する一般向けの記事を（たとえば *Scientific American* 誌，邦訳は「日経サイエンス」誌から）選び，500語で要約してください．1日か2日おいて，批評してください．重要な点は，細かいものもすべて含まれていますか．元の論文を公正に表現していますか．要約を読んだ人は，元の論文の

読み手と同じ結論に達しますか．

9． 論文の一部を取り出して，長さを縮めるように，編集を繰り返してください．たとえば300語の節を10%すなわち約30語減らします．そして，さらに30語減らしていきます．少なくとも7回繰り返してください．（各段階でちょうど30語減らすようにすると，この課題はもっとむずかしくなります．）言葉遣いは変えてもよいですが，各段階で，情報内容を保持しなければなりません．得られた一連の文章を検討してください．初めの2, 3回では，文章が改良され，そのうちに，本文が内容に対して短くなりすぎて，意味不明になるか不完全になるということがよくあります．それぞれに点数をつけてください．どれがいちばんよいですか．どれがいちばん悪いですか．

10． 次の文章をわかりやすいように書き直してください．数学記号を使うとよいかもしれません．

> The cross-reference algorithm has two data structures: an array of documents, each of which is a linked list of words; and a binary tree of distinct words, each node of which contains a linked list of pointers to documents. When a document is added its linked list of words is traversed, and for each word in the list a pointer to the document is added to the word's linked list of documents. An order-one expansion of a document is achieved by pooling the linked lists of document pointers for each word in the document's linked list of words.

11． 1000語くらいの1節を，自分の論文か，内容がよくわかっている論文から選んでください．それを推敲してください．つまり，流れ，表現，明確性などに注意して編集してください．変更を紙の上に書き加え，最終結果はタイプし，元の紙は記録として保存します．

　修正版を2, 3日だけておき，修正版に対して，この演習を繰り返します．さらに推敲を進めます．（前に手を加えたところを，取り消していませんか．）2, 3日休んで，また推敲します．5回修正するまで続けてください．このように修正していくことは，本当によい文章の書き方を学ぶ最良の方法です．すぐれた書き手は，この推敲を徹底しています．

12. 数学的な議論を，数式や記号をなるたけ使わず，言葉で説明するよう改訂してください．長い証明や長々とした数学的議論のある論文について，議論の中心点を示してください．議論は完璧ですか．詳細な部分が多すぎたり，少なすぎたりしませんか．

13. なじみのあるアルゴリズムを選び，それについての標準的な記述を取り上げます．そのアルゴリズムを文コード（prosecode）を使って書いてください．次に，計算量解析を行ったアルゴリズムを選びます．そのアルゴリズムを文芸的コード（literate code）を使って書き直し，計算量解析の重要な部分を記述に含めるようにしてください．

14. ある問題を解く2種類のよく知られたアルゴリズムを比較する実験を設計してください．初歩的な例としては，配列を使った2分探索と，チェインつきのハッシュテーブルの比較があります．しかし，整列アルゴリズムの比較のような手の込んだ例の方が演習としてはおもしろいでしょう．
- (a) どんな結果を予想しますか．仮説は何ですか．
- (b) 成功例は，漸近的計算量分析と合致しますか．
- (c) どんな計算資源を測定すべきですか．どのように測定すべきですか．
- (d) 試験データにはどれが適切ですか．
- (e) 結果は，どの程度まで，データの特性や特殊性に影響されますか．
- (f) 仮説を論駁するのには，試験データにどんな性質がいりますか．
- (g) 実装品質は結果に影響を与えそうですか．
- (h) 以上の検討から，実験にはっきりした結果を期待できますか．

よりぬきの関連文献

本書を執筆中に，私が，おもしろいと，または，価値があると思った本を次にあげます．ほとんどは，実践科学者としての私自身の文章に役立ちました．すべてが文体を論じているわけではありません．科学のプロセスについての本もあります．

あらゆる書き手が必要とする最初の本は，辞書です．私は，*Collins English Dictionary* を使っています．米語と英語の両方の綴りが載っており，ほかの辞書に比べて，計算機科学や数学の用語が適切に述べられているからです．しかし，辞書を選ぶ理由は多いですから，自分で決めてください．だいたいにおいて，もち運びに便利な小型辞書は，満足のいくものではないようです．

さらに，ある程度使う，文体についての本を私は何冊か使っています．もし，1冊しか許されないなら，Partridge [6] か Fowler [2] にするでしょう．もう1冊許されるのなら，Gowers [3] か，Strunk and White [7] です．一般的な科学作文の本としては，おそらく O'Connor [19] が最良でしょう．

一般的な作文の本

[1] *The Chicago Manual of Style*, 第13版, University of Chicago Press, 1982.

作文に関して想像しうるあらゆる問題についての規則と判断の集大成．1世紀にわたって何度も版を重ね，文体についての重要な問題をほぼすべて扱いま

す．しかし，これは手軽に読めるものではありません．あらゆる話題について判断可能な，一貫した文体を定義することが目的です．しかし，一般的な使用法に関して保証を与えるわけではありません．網羅的で，有用な本ですが，ほとんどの書き手には，値打ちがありません．

[2] H. W. Fowler, *Modern English Usage*, 第2版, Oxford University Press, 1965.

ほぼ間違いなく最良の，もっともよく知られた英作文の本です．実体は，1000 以上の小論を集め，辞書の体裁をとったものです．単語の用法や，作文の要点などについて述べています．Fowler は，英語を正確に明確にと堅苦しく考える必要はないという立場の主唱者でした．この本はその原則に従った例を多く提供しています．英語のすぐれた用法を反映したというよりも，そのすぐれた用法をある程度規定したといってよいでしょう．

Gowers によるこの改訂版も今や30年以上経過しています．項目のいくつかは，時代遅れになっています．しかし，新版が出ています[32]．

[3] Ernest Gowers, *The Complete Plain Words*, 第3版, Penguin, 1986.

明瞭に，無駄を除いて，単純な言葉で書く方法を徹底的に論議しています．私的でない作文に基本的にこだわった書物として，専門家による指導書よりも値打ちがあります．原著は Gowers が書き，第2版を Bruce Fraser，第3版を Sidney Greenbaum と Janet Whitcut が改訂しています．さまざまな方向を統合しており，結果としてとても有用です．楽しく読めるし，意見も立派なものです．

[4] Mary-Claire van Leunen, *A Handbook for Scholars*, Knopf, 1985.

とくに，引用，抜粋，関係書目の様式などの学術論文のいくつかの側面について詳しく論じています．卓越した本ですが，計算機科学の方面の書き手には，その価値が限られるでしょう．

[5] Frank Palmer, *Grammar*, Penguin, 1971.

現代文法への非技術的なすぐれた入門書．第1章では，英語の伝統的規範文法の欠点を論じています．

[6] Eric Partridge, *Usage and Abusage*, Penguin 1973.

32：R.W. Burchfield (Editor), H.W. Fowler, *The New Fowler's Modern English Usage*, 第3版, Oxford University Press, 1996 のようです．

Fowler [2] の本に代わるものとして，多くの単語，作文の要点についての短い議論からできており，Fowler 同様に辞書の体裁をとっています．知識が同じように広く盛り込まれた，同じような範囲で，しかも現代的です．Partridge の選んだ話題は，科学者にも適切だと思います．

[7] William Strunk and E. B. White, *The Elements of Style*, Macmillan, 1979.

英作文の原則を述べた入門書です．100 ページに満たない長さですが，何倍も厚い入門書よりも役に立ちます．必読書です．

技術作文の本

[8] David F. Beer (ed.), *Writing and Speaking in the Technology Professions : A Practical Guide*, IEEE Press, 1992.

技術作文と講演についての論文集です．すべてが価値あるとはかぎりませんが，さまざまな観点を含むのでおもしろいです．

[9] Gary Blake and Robert W. Bly, *The Elements of Technical Writing*, Macmillan, 1993.

技術作文の簡潔でわかりやすい入門書です．論文作成に関しては，あまり詳しくありませんが，用法についての助言は有用です．Cooper [10] と並ぶ本です．

[10] Bruce M. Cooper, *Writing Technical Reports*, Penguin, 1964.

技術的題材を扱うための基本的でわかりやすい本です．文体，構成，題材の選択，図の選択と精選などの話題を扱っています．学術論文を主体として書いてはいませんが，内容は大いに当たっています．私は，Cooper の徹底したやり口が好きです．本書は，自分の作文に不満をもっている人にぴったりです．

[11] Robert A. Day, *How to Write and Publish a Scientific Paper*, 第3版, Oryx Press, 1988.

執筆から出版まで広く見渡しています．包括的で情報も多いのですが，生物学が中心です．計算機科学とはかなり違います．O'Conner [19] に並ぶものです．

[12] Anne Eisenberg, *Guide to Technical Editing*, Oxford University Press, 1992.

技術作文の編集者のための手引き書です．このめずらしい本は，上級の作文の手引き書でもあります．前半分は，一連の例をあげ，各種の誤りとそれをどう訂正するかを説明しています．演習や役に立つ単語帳もついています．本書は，だれにでも役立つものではなく，ほかの人の作文を訂正する人に特別な値打ちをもちます．

[**13**] Frances B. Emerson, *Technical Writing*, Houghton Mifflin, 1987.

技術作文の，もっと正確には，技術作文を書く人の任務の，包括的で詳しい入門書です．たとえば，報告書作成以外に，求職や手紙の書き方を含みます．Emerson は，簡単な文体の手引きも載せていますが，この本の最良の部分は，定義，記述，および議論についての章です．私は，これらの話題をこれほど詳しく述べた本をみたことがありません．

[**14**] Leonard Gillman, *Writing Mathematics Well*, Mathematics Association of America, 1987.

たった50ページの厚さですが，この本は，もっと厚い本と同じだけの情報量があります．Gillman は，数式の表現だけにしか関心がありません．ほかの話題については，他書を調べてください．

[**15**] Nicholas J. Higham, *Handbook of Writing for the Mathematical Sciences*, SIAM, 1993.

おそらく数学論文については，最良の教科書です．Higham は文体，用法，スライドといった話題だけでなく，emacs, TeX, ftp のようなツールの入門まで扱っています．

ツールについての題材は，計算機科学者にとっては，短かすぎ，表面的にすぎます．題材によっては，かなり軽く扱っているものもありますが，数学の文体についての内容は秀逸です．私は，計算機科学のための作文の包括的な入門書を目指しました．Higham は，数学分野において，この目的を達成しています．

[**16**] John Kirkman, *Good Style for Scientific and Engineering Writing*, Pitman, 1980.

私が本書の第2章で「調子」といっていたことに主として関する本です．科学論文では，個人的・直接的・具体的調子を使うべきだという議論は，興味深いものです．Kirkman は，文体への態度を調査した詳しい報告も載せています．

[17] Donald E. Knuth, Tracy Larrabee, and Paul M. Roberts, *Mathematical Writing*, Mathematical Association of America, 1989.（Technical Report STAN-CS-88-1193, Stanford University, 1988 としても入手可能.）

スタンフォード大学の 1987 年の数学作文に関する講義録．この報告は，主として講義の要約からなり立っていますが，演習や解法についての議論，書き方の要点の箇条書きもあります．価値ある情報はたくさんありますが，あまりおもしろくない材料がかなりあることと索引のないことが難です．この報告書は，数学論文の書き方に対する私の方式に多大の影響を与えました．

[18] Carole Mablekos, *Presentations That Work*, IEEE Engineers Guide to Business Series, 1991.

技術論文の口頭発表の入門書です．この本は軽く読めますが，役に立つヒント，演習，チェックリストを載せています．

[19] Maeve O'Connor, *Writing Successfully in Science*, Chapman & Hall, 1991.

科学作文についてのもっとも包括的な教科書です．構成，文体，参考文献，発表，著者であることの問題などをとり上げています．弱点は，おそらく，規則の適用範囲でしょう．O'Connor がとり上げなかった問題は少なくありません．しかし，全体的に，科学論文を書き，公表する過程に関する卓越した入門書です．

[20] Edward R. Tufte, *The Visual Display of Quantitative Information*, Graphics Press, 1983.

図，とくにグラフの提示について包括的に論じています．絵画表現に向いているとは思えないデータやアイデアについても，この本から役立つ意見を得られるかもしれません．また，審美学についても述べています．私には，たとえば，レオナルド・ダ・ヴィンチの図のような歴史的題材がよかった．

[21] *The Universal Encyclopedia of Mathematics*, Pan, 1976.

作文の入門書ではなく，基本的な数学についての百科事典です．公式と解法のハンドブックというだけでなく，間接的ですが，数学用語と語法との手引きとなり，数式のすぐれた表現の例を数多く提供しています．

科学過程について

[22] Wayne C. Booth, Gregory G. Colomb, and Joseph M. Williams, *The Craft of Research*, University of Chicago Press, 1995.

　研究テーマの最初の開発から，正しい議論の構成に至るまで扱った，研究の過程についての入門書です．後半部には，書き手が，原稿を分析し，改良するのに使うことのできる，簡単な作文の手引きと質問とが載っています．他書では扱っていない題材が多く，一読の価値があります．

[23] Peter B. Medawar, *Advice to a Young Scientist*, Pan, 1981.

　一人前の科学者が，大学院生や研究助手に与える助言の解説です．簡潔で直接的であり，科学が仕事として魅力的なのはなぜかを，よき振舞いや科学的過程といった話題以外にも論じています．

[24] Anthony O'Hear, *An Introduction to the Philosophy of Science*, Oxford University Press, 1990.

　科学研究の土台となる概念と科学過程に対する明確で幅広い入門書です．この題材を扱う教科書は多いですが，O'Hear のものは，ほかよりも簡潔でわかりやすい本です．科学基礎論や，虚偽立証（falsification）のような概念になじむことは，研究者として活躍するうえで重要なことだと思います．

[25] E. Bright Wilson, Jr., *An Introduction to Scientific Research*, Dover, 1952.

　昔からの教科書ですが，今なお古典的価値があります．計算機科学者にとっては，科学の方法，実験計画，および，結果の統計的分析が値打ちでしょう．

[26] Lewis Wolpert, *The Unnatural Nature of Science*, Faber and Faber, 1992.

　研究のさまざまな側面についての一連の随筆集です．掘り出しものをみつける才能，創造性，似非科学，あるいは，技術革新がなぜ科学ではないのかなどが論じられています．全体として，科学の本質をよく説明しています．素晴らしい本です．

インターネット上の資料

作文，研究，査読といったテーマについては，インターネットでもよい資料があります．そのような URL 集を私は次のホームページに載せています．
http://goanna.cs.rmit.edu.au/~jz/writing.html

訳者追加の文献

[27] 丸谷才一『思考のレッスン』文藝春秋，1999 年．
　この著者の『文章読本』(中央公論社，1977 年) もなかなかよいのですが，科学的思考とも合い通じる近著としてこれをあげておきます．

[28] 大野　晋『日本語練習帳』岩波新書，1999 年．
　英語ではなく，日本語についての本ですが，日本の読者には何かと役に立つでしょう．

[29] 木下是雄『理科系の作文技術』中公新書，1981 年．
　日本語で書かれた，理科系の，とくに物理系統の作文技術に関する本です．英語での発表についても簡単に述べています．

[30] David Beer/David McMurrey (黒川利明・黒川容子共訳)『英語技術文書の作法』朝倉書店，1998 年．
　著者の 1 人は，[8] の編者です．[13] と似ていて，各種の技術文書の書き方に触れています．また，英語の単語や句読点の細かい用法についても論じています．

[31] Heather Silyn-Roberts (黒川利明・黒川容子共訳)『科学英文作成の基本』朝倉書店，1999 年．
　大学の学部学生を対象にして書かれた，科学英作文の教科書です．初歩的な部分について，懇切ていねいに書かれています．

訳者あとがき

　本書は，『英語技術文書の作法』，『科学英文作成の基本』に次いで朝倉書店から翻訳出版する科学技術系の英作文の3冊目です．
　科学技術系の英作文（口頭発表も扱われていますが）という同じテーマを扱っているのに，3冊ともそれなりに個性があり，場合によっては，原著者の意見が違うのは，訳していておもしろい体験でした．
　BeerさんとMcMurreyさんの『英語技術文書の作法』では，句読点の扱いを含めた英作文の実用的な処方箋と，就職用の手紙の書き方まで含めた実用性に感心しました．Silyn-Robertsさんの『科学英文作成の基本』では，初学者向けに，噛んで含めるように基本的な文章のまとめ方，そもそもの課題の理解の仕方などの説明に，なるほどと思いました．
　Zobelさんのこの『情報科学の英文技術』の最大の特徴は，コンピュータサイエンスという分野を対象として選んだということでしょう．そのお陰で，ほかの本ではあまり出てこない，アルゴリズムの書き方などが詳しく説明されています．また，本文中の例題にも，計算機科学や工学の論文でよくお目にかかりそうな文章がたくさん出てきますので，この分野の学生や研究者，管理者の方にとっては大いに参考になるものと思います．
　もう1つの特徴は，論文を書くという側面だけでなく，「査読」という側面，とくに，その倫理的な側面にも筆を割いている点です．どういう場合に査読を引き受けてよいのか，査読者として何に注意せねばならないかという点は，訳者にとっても，自分の経験に照らして大いに参考になり，ほかの人にも是非知っておいてもらいたい点です．

前2書でも，作文に必要なのは，実は，作文の対象である，科学成果の充実であること，正確な理解であることは，述べられているのですが，Zobel さんは，この点に関して，科学における論文発表というプロセスがどうあるべきかという点にまで踏み込んで説明してくれています．

最近は，「IT 革命」という言葉が新聞の1面をもにぎわすようになりました．英語によるコミュニケーションという話題もますます盛んです．いわゆる情報産業という業界に身をおいている1人としては，悪いことではないと思うのですが，一方で，「文は人なり」という格言を忘れてはならないと感じています．

一般の人びとには，科学技術は厳正であり，数字の裏づけがあって，恣意的な処理が入らないものだという感覚が未だ残っていると思います．それは，科学技術の発展に尽くした先人の努力の賜物なのですが，現実の科学技術の現場では，不正や恣意的な処理が入る余地が大いにあることを，私どもは，しっかりと認識すべきでしょう．

Zobel さんが述べている，正確な表現は，そのような不正を防ぐ最初の第1歩となるものです．

   2000年8月　東京町田にて

黒川　利明
kurokawa@mlab.csk.co.jp

索　引

あ　行

アクセント記号　73
アポストロフィ　62
アルゴリズムの記述　95
アルゴリズムの性能　101

一連番号形式　23
一貫性　121
　　──の検査項目　125
入れ子式の文章　37
引用資料　22
引用文　25

埋め草　46

大文字化処理　65
オッカムの剃刀　111
オンライン論文　29

か　行

概観　129
概説　4
概念図　83
概要　3
改良　129
隠れ蓑　19
過去形　55
仮説　109
括弧　66
含意記号（論理的な）　72
簡潔な論文　13

間接的表現　40
感嘆符　63

記号（行頭の）　75
擬コード　97
帰謬法　70
ギリシア文字　74
キーワード　43

草分け　129
句点　60
句読点（引用での）　65
グラフ　81

結果　5
結論　6
現在形　55
健全　129

講演　139
　　──のリハーサル　144
ごまかし　18
コロン　62
コンマ　61

さ　行

参考文献　20
参照　66

字下げ　59
辞書　51
シミュレーション　114
謝辞　27

斜線　56
斜体　43
終止符　60
修飾語の積み重ね　46
受動態表現　40
冗長で余分な表現　54
省略形　56
　　行頭の──　75
省略符　56

数（行頭の）　75
数学的な意味　68
数式（斜体の）　70
数字と綴り　76
図式　83

精度と誤差　77
節見出し　32
説明　80
セミコロン　62
漸近計算量　103
専門用語　51

た　行

第1著者　29
大発見　129
正しさ　130
ダッシュ　64
妥当性　129
単位　78
段落づけ　34

直接的文体　40

著者 3
著者日付け形式 23

使い方を間違える単語 48
月の名前 56
綴りを間違う単語 48

定義 43
訂正 129
手書きの記号 74
データ構造 100

頭字語 57
導入 4
独創性 129

な 行

名前 3

能動態表現 40

は 行

ハイフン 63
白衣試験 114
ハーバード形式 23
版権 80

日づけ 3
百分率 77
ビューグラフ 145
表題 31
ピリオド 60

フォイル 145
複数形 55
付録 7
フローチャート 98
文芸的コード 97
文献表 7

冒頭段落 32

や 行

優位性 17

要約 6

ら 行

略語 57

類推 18

わ 行

ワープロの選択 9

欧 文

Θ 103
Ω 103
ω 103

a large number 47
a number of 47
abstract 3
achieved 40
affect 49
all 68
also 53
alternate 49
alternative 49
analogy 18
appendix 7
asymptotic complexity 103
average 69

basic 49
bibliography 7

breakthrough 129

can 48
caption 80
carried out 40
case 47
certainly 43
c. f. 56
choice 49
citation 66
conclusion 6
conducted 40
conflate 49
consistency 121
continual 49
continuous 49
conversely 49
correctness 130
could 46
currently 49

debugging 129
definite 68
done 40

effect 49
effected 40
e. g. 56
element 69
emphatic 43
equation 69
equivalent 69

fast 49
fewer 49
foil 145
formula 69
fundamental 49

groundbreaking 129

索　　引

hence 53
hypothesis 109

i. e. 56
in general 46
intractable 69
introduction 4

jargon 51

less 49
likelihood 46
likely 46
likewise 49

maximize 50
may 46, 48
mean 69
merge 49
might 46, 48
minimize 50
MIPS 79

no. 56
normal 68
note that 53

o 103
O 記法 103
obfuscation 18

occurred 40
of course 46
optimize 50
ordinal-number style 23
originality 129

padding 46
partition 69
peer review system 133
perform 40
perhaps 46
possibly 46
presently 49
proper 68
pseudocode 97

quickly 49
quite 46

result 5

schematic 83
scientmanship 17
similar 69
similarly 49
simply 46
slash 56
so 53
solidus 56
some 68

sophisticated 49
sound 129
straw men 19
strict 68, 69
subset 69
summary 6
survey 4, 129

that 47
the 47
the fact that 46
the upper hand 17
this 53
thus 53
timely 49
tinkering 129

umming 148
usual 68
utilize 40

validity 129
very 46, 53
viewgraph 145
virgule 56

which 47
white coat 114
w. r. t. 56

訳者略歴

黒川 利明（くろかわ・としあき）
1948年　大阪府に生まれる．
1972年　東京大学教養学部基礎科学科卒業．
株式会社東芝，日本アイ・ビー・エム株式会社を経て，現在株式会社CSK勤務，CSKフェロー．
著書は，「プログラミング言語の仕組み」（朝倉書店），「ソフトウェアの話」（岩波書店），「Prologプログラミング入門」「インターネットビジネス活用の最前線」（オーム社），「PASCAL 8週間」（共立出版），「自然言語処理入門」（近代科学社），「LISP入門」（培風館），ほか多数．

黒川 容子（くろかわ・ようこ）
大阪市立大学生活科学部児童学科卒業．
中野こども病院臨床心理室，神奈川県障害者更生相談所勤務を経て，現在フリー．
訳書は，「ダイナミック・メモリー」（近代科学社），「ネットキッズのためのインターネット・ワークブック」（インターナショナル・トムソン・パブリッシング・ジャパン）などがある．

コンピュータサイエンスの
英語文書の書き方
定価はカバーに表示

2000年10月10日　初版第1刷

訳 者	黒　川　利　明	
	黒　川　容　子	
発行者	朝　倉　邦　造	
発行所	株式会社　朝倉書店	

東京都新宿区新小川町 6-29
郵便番号　162-8707
電　話　03 (3260) 0141
ＦＡＸ　03 (3260) 0180
http://www.asakura.co.jp

〈検印省略〉

© 2000 〈無断複写・転載を禁ず〉　　　シナノ・渡辺製本

ISBN 4-254-10173-2　C 3040　　　Printed in Japan

Ⓡ〈日本複写権センター委託出版物・特別扱い〉
本書の無断複写は，著作権法上での例外を除き，禁じられています．
本書は，日本複写権センターへの特別委託出版物です．本書を複写される場合は，そのつど日本複写権センター（電話03-3401-2382）を通して当社の許諾を得てください．

明星大 中澤喜三郎著
計算機アーキテクチャと構成方式
12100-8 C3041　　A 5 判 586頁 本体12000円

著者の40年に及ぶ研究・開発経験・体験を十二分に反映した書。〔内容〕基礎／addressing／register stack／命令／割込み／hardware／入出力制御／演算機構／cache memory／RISC／super computer／並列処理／RAS／性能評価／他

図情大 中田育男著
コンパイラの構成と最適化
12139-3 C3041　　A 5 判 528頁 本体9500円

著者のコンパイラ作製・教育に長年従事した豊富な経験を集大成した書。〔内容〕はじめに／構成／字句解析／構文解析／意味解析／誤りの処理／実行時記憶域と仮想マシン／目的コードの生成／最適化とは／最適化の方法／最適化のアルゴリズム

福井大 奥川峻史・福井大 柳瀬龍郎著
計算機工学概論
12130-X C3041　　A 5 判 164頁 本体2900円

情報系学生に計算機全般の仕組み・各技術の相互の関わりを明確に示し、通信まで言及。〔内容〕計算機の基本構成／論理回路／プロセッサの構成と設計／メモリ制御・装置／入出力制御方式・装置／計算機ソフトウェア／マルチメディア通信

筑波大 生田誠三著
LaTeX2ε 文典
12140-7 C3041　　B 5 判 360頁 本体4200円

LaTeXを使い始めた人が必ず経験する"このあとどうすればいいのだろう"という疑問の答を、入力と出力結果を示しながら徹底的に伝授。2ε対応〔内容〕クラス／プリアンブル／ヘッダ／マクロ命令／数式のレイアウト／行列／色指定／図形／他

中大 小林道正・東大 小林 研著
LaTeX で数学を
—LaTeX2ε＋AMS-LaTeX入門—
11075-8 C3041　　A 5 判 256頁 本体2800円

LaTeX2εを使って数学の文書を作成するための具体例豊富で実用的なわかりやすい入門書。〔内容〕文書の書き方／環境／数式記号／数式の書き方／フォント／AMSの環境／図版の取り入れ方／表の作り方／適用例／英文論文例／マクロ命令

CSK 黒川利明著
情報科学こんせぷつ 2
プログラミング言語の仕組み
12702-2 C3341　　A 5 判 180頁 本体2800円

特定の言語を用いることなく、プログラミング言語全般の基本的な仕組みを丁寧に解説。〔内容〕概論／言語の役割／言語の歴史／プログラムの成立ち／プログラムの構成／プログラミング言語の成立ち／プログラミング言語のツール／言語の種類

豊橋技科大 梅村恭司・津田塾大 白倉悟子著
情報科学こんせぷつ 3
プログラミングの基礎
12703-0 C3341　　A 5 判 208頁 本体2800円

C, C++, Unixの環境下、小規模の事例を対象に、プログラミングの基本を注意事項と共に実践的に解説。〔内容〕準備訓練／学習の手順／プログラムの正しさ／プログラムの読みやすさ／プログラムの効率／使用者への配慮／成長するプログラム

明大 中所武司著
情報科学こんせぷつ 7
ソフトウェア工学
—オープンシステムとパラダイムシフト—
12707-3 C3341　　A 5 判 208頁 本体3800円

ソフトウェア開発に際しての技法から実際までを実例・解題を取り上げながら、かつ豊富な図面を用い解説。〔内容〕ソフトウェアの動向／ソフトウェアの開発技法／ソフトウェア開発環境／オブジェクト指向技術／エンドユーザ指向のパラダイム

電通大 渡邊 坦著
情報科学こんせぷつ 8
コンパイラの仕組み
12708-1 C3341　　A 5 判 196頁 本体3500円

ある言語のコンパイラを実現する流れに沿い、問題解決に必要な技術を具体的に解説した実践書。〔内容〕概要／字句解析／演算子順位／再帰的下向き構文解析／記号表と中間語／誤り処理／実行環境とレジスタ割付／コード生成／Tiny C／他

名大 鳥脇純一郎著
情報科学こんせぷつ 9
パターン情報処理の基礎
12709-X C3341　　A 5 判 168頁 本体2800円

パターン認識と画像処理の基礎を今日的なテーマも含めて簡潔に解説。〔内容〕序論／パターン認識の基礎／画像情報処理（機能，画像認識，手法，エキスパートシステム，画像変換，イメージング，CG，バーチャルリアリティ）

黒屋政彦・冨田軍二編著

英語科学論文用語辞典

10009-4 C3540　　A5判 328頁 本体5700円

世界各国の代表的な学術雑誌の英語科学論文に多く用いられる英単語約2000語を掲げ、その活用法や熟語、もっとも模範的な文例、関連用法などをくわしく解説した実用辞典。付録の略語一覧には、略語の他とくに誤りやすい語尾変化をもつ語彙やスペリングに注意を要する語も含め、約2800語を掲げ読者の便をはかった。英語科学論文の作成手引書として研究者や学生の座右の辞典

新見嘉兵衛・瀧本 保編著

科学者のための 英文手紙文例辞典

10049-3 C3040　　A5判 280頁 本体6200円

科学者が英文手紙を書くに当って比較的多く使用する単語はもちろん、表現の困難な語句についても、それらの用法を単語ごとに何通りかの文例をあげて示した。外国雑誌への投稿、海外留学、海外研修、学会、シンポジウムなどへの出張、講演への招待、教職の推薦などから、手紙による研究上の論議、さらには個人的、家族的な交際にわたるまで、多岐にわたる日常の手紙によく使われる日本語項目を引くことによって、関連する文例を参考にすることができる

J.K.ニューフェルド著　元岡山理大 砂原善文監訳

技術英語ハンドブック

20060-9 C3050　　A5判 248頁 本体4200円

英語を母国語としない人が技術英語論文等をまとめるときの基本と陥りやすい点を、具体的な英文を多量に例示・対比しながら体系的に解説。〔内容〕文章の明確さ／パラグラフの特徴をつかむ／読者に焦点を当てる／技術解説文作成のためのパターン／比較と対比／論述、解説および議論／文章上達のための最後の言葉／基礎調査／事実を伝達するための報告書／実現可能性の研究／公式報告書／口頭発表(報告)／付録：注意したい語句の手引き、科学・技術論文についての注意

元岡山理大 砂原善文著

科学者のための 研究発表のしかた

10046-9 C3040　　A5判 128頁 本体2400円

研究発表・講演の準備からその実際の場面まで著者の永年の経験を生かして失敗例も混じえながら説得力のある魅力あふれた方法を伝授する。〔内容〕講演資料の作成(スライド、OHP)／講演原稿／朝食会／ジョークの種／フライトスケジュール

末石冨太郎監修　中島重旗著

技術レポートの書き方

20008-0 C3050　　A5判 172頁 本体3200円

工学関係の研究・調査等に従事する技術者、学生のために、よい技術レポートの書き方について一般的な心がまえ・段取りから、具体的な問題の取扱い方について、きわめて簡潔明快、具体的にまとめられている。技術者・学生の必携書

井上信雄／E.E.ダウブ著

英語技術論文の書き方

20035-8 C3050　　A5判 180頁 本体2900円

日米の工学者が、自らの豊富な経験をふまえて著した、学生・技術者・研究者の必携書。〔内容〕一般的注意事項／執筆計画のたて方／論文にとりかかる前の準備／下書きの作り方／よい英文の書き方／最後の仕上げ／清書する場合の注意事項／他

元室蘭工大 傳 遠津著
化学者のための基礎講座1

科学英文のスタイルガイド

14583-7 C3343　　A5判 192頁 本体3200円

広くサイエンスに学ぶ人が必要とする英文手紙・論文の書き方エッセンスを例文と共に解説した入門書。〔内容〕英文手紙の形式／書き方の基本(礼状・お見舞い・注文等)／各種手紙の実際／論文・レポートの書き方／上手な発表の仕方等

H.S.ロバーツ著　CSK 黒川利明・黒川容子訳
科学英文作成の基本
10162-7 C3040　　A5判 164頁 本体2800円

科学論文は，理論性，正確さ，事実を整理する能力が必要である。本書は初心者を対象に，犯しやすいまちがいを例示しながら，優れた作文技術の習得までを解説。〔内容〕小論文の書き方／報告書を書く／技術作文の道具／文体／就職の作文

D.ビア／D.マクマレイ著
CSK 黒川利明・黒川容子訳
英語技術文書の作法
10150-3 C3040　　A5判 248頁 本体3400円

自己表現を高めるための具体的な方法を詳しく解説。〔内容〕エンジニアと作文／上手な技術作文のための指針／作文に散発するノイズをなくす／一般的技術文書／技術報告書／技術情報の入手／口頭発表／技術職につくために／コンピュータ利用

M.アレイ著　静岡理工科大 志村史夫編訳
理科系の英文技術
10151-1 C3040　　A5判 248頁 本体3500円

読者に情報を与え，納得させるという究極の目的を果す科学・技術文書とは。〔内容〕構成(整理・推移・詳述，強調)／語句(正確さ・明確さ・率直さ・親しみ・簡潔さ・流麗さ)／図表／通信文／取扱説明書／口頭発表／成功への手入れ／実行

前自治医大 長野　敬訳
「考える」科学文章の書き方
10172-4 C3040　　A5判 224頁 本体3600円

「書く」ことは「考える」ことだ。学生レポートからヒポクラテスまで様々な例文を駆使し，素材を作品に仕上げていく方法をコーチ。〔内容〕科学を考える・書く／読者と目的／抄録／見出し／論文／図表／展望／定義／文脈としての分類／比較他

冨田軍二著　小泉貞明・石館　基補訂
新版 科学論文のまとめ方と書き方
10011-6 C3040　　A5判 224頁 本体3800円

自然科学関係の研究・調査・観察・観測等に従事する学生・研究者の必携書。〔内容〕序論／論文にまとめるまで／論文の構成／文章論／文献／特殊事項の表示形式／原稿の仕上げと校正／付録：欧文雑誌略名一覧・英語論文文範集／他

宮川松男監修　氏家信久著
科学技術文書の作り方
10051-5 C3040　　A5判 128頁 本体2500円

国際人として翻訳に耐える良質の日本語科学技術文書を作るにはどうしたらよいか。著者の永年の経験からその秘訣を伝授する。〔内容〕なぜ書く能力が求められているか／どんな文書を作成するのか／どう書けばよいか／事例研究／総まとめ

神奈川大 桜井邦朋著
科学英語論文を書く前に
10068-X C3040　　A5判 200頁 本体3200円

論文を書く前に注意すべき事柄や具体的作業を指導。〔内容〕基礎編(常識の誤り，日本語の論理・英語の論理，論文を書く前に，論文を作る，例文でみる英語論文，私の経験から，他)／演習編(文章研究，まちがいやすい用法，他)／総括編

M.J.カッツ著　神奈川大 桜井邦朋訳
科学英語論文の基礎作法
10073-6 C3040　　A5判 152頁 本体2600円

科学論文を作り上げる過程を順に段階を追って具体的に記述。〔内容〕科学論文とは何か／論文を書く理由／自分にあった形式の選択／コンピュータで書く／言語／数値／材料と方法／なまデータの組み立て／結果／図／脚注と付録／結論／他

九工大 栗山次郎編著
理科系の日本語表現技法
10160-0 C3040　　A5判 184頁 本体2600円

"理系学生の実状と関心に沿った"コンパクトで実用的な案内書。〔内容〕コミュニケーションと表現／ピタゴラスの定理の表現史／コンポジション／実験報告書／レポートのデザイン・添削／口頭発表／インターネットの活用

長岡技科大 若林　敦著
理工系の日本語作文トレーニング
10168-6 C3040　　A5判 180頁 本体2600円

レポートや論文の作成に必要な作文技術の習得をめざし，豊富な文例と練習問題を盛り込んだ実践的なテキスト。独習用としても最適。〔内容〕事実と意見(区別する，書きわける)／わかりやすく簡潔な表現(文の三原則，文と文とのつなぎ方)

上記価格(税別)は 2000 年 9 月現在